dtv

Naturwissenschaftliche Einführungen im dtv

Herausgegeben von Olaf Benzinger

Helmut Hornung, geboren 1959, ist seit Beendigung seines Studiums der Anglistik und Germanistik Redakteur der ›Süddeutschen Zeitung‹. Seit seiner Kindheit gilt sein Interesse der Astronomie, zu diesem Thema verfaßte er Hunderte Artikel und hielt zahlreiche Vorträge. Helmut Hornung ist Mitglied der Astronomischen Gesellschaft und wurde 1993 für sein Sachbuch ›Safari ins Reich der Sterne‹ mit dem Deutschen Jugendliteraturpreis ausgezeichnet.

Schwarze Löcher und Kometen

Einführung in die Astronomie

Von
Helmut Hornung

Mit Schwarzweißabbildungen von
Nadine Schnyder

Deutscher Taschenbuch Verlag

Ein Überblick über die gesamte Reihe findet sich am Ende des Bandes.

Originalausgabe
Juli 1999
2. Auflage November 1999

Umschlagkonzept: Balk & Brumshagen
Umschlagbild: © FOCUS, Hamburg
Redaktion und Satz: Lektyre Verlagsbüro
Olaf Benzinger, Germering
Druck und Bindung: C. H. Beck'sche Buchdruckerei, Nördlingen
Gedruckt auf säurefreiem, chlorfrei gebleichtem Papier
Printed in Germany · ISBN 3-423-33043-0

Inhalt

Für Margarita

Vorbemerkung des Herausgebers

Die Anzahl aller naturwissenschaftlichen und technischen Veröffentlichungen allein der Jahre 1996 und 1997 hat die Summe der entsprechenden Schriften sämtlicher Gelehrter der Welt vom Anfang schriftlicher Übertragung bis zum Zweiten Weltkrieg übertroffen. Diese gewaltige Menge an Wissen schüchtert nicht nur den Laien ein, auch der Experte verliert selbst in seiner eigenen Disziplin den Überblick. Wie kann vor diesem Hintergrund noch entschieden werden, welches Wissen sinnvoll ist, wie es weitergegeben werden soll und welche Konsequenzen es für uns alle hat? Denn gerade die Naturwissenschaften sprechen Lebensbereiche an, die uns – wenn wir es auch nicht immer merken – tagtäglich betreffen.

Die Reihe ›Naturwissenschaftliche Einführungen im dtv‹ hat es sich zum Ziel gesetzt, als Wegweiser durch die wichtigsten Fachrichtungen der naturwissenschaftlichen und technischen Forschung zu leiten. Im Mittelpunkt der allgemeinverständlichen Darstellung stehen die grundlegenden und entscheidenden Kenntnisse und Theorien, auf Detailwissen wird bewußt und konsequent verzichtet.

Als Autorinnen und Autoren zeichnen hervorragende Wissenschaftspublizisten verantwortlich, deren Tagesgeschäft die populäre Vermittlung komplizierter Inhalte ist. Ich danke jeder und jedem einzelnen von ihnen für die von allen gezeigte bereitwillige und konstruktive Mitarbeit an diesem Projekt.

Jahrtausendelang befand sich der Mensch nach seinem eigenen Selbstverständnis im Zentrum des Universums, bis ihn Kopernikus aus dieser bevorzugten Position vertrieb. Kepler und Newton packten die Bewegungen der Himmelskörper in mathematische Formeln, Galilei löste die Milchstraße in einzelne Sterne auf, Kant degradierte die Galaxis zu einer unter unzähligen anderen Welteninseln. Mit jedem Schritt wurde unsere Heimat unbedeutender: Sie ist ein kleiner, zerbrechlicher Planet, der einen relativ unbedeutenden Stern umkreist, der seinerseits wiederum zusammen mit mindestens hundert Milliarden anderen Sternen in einer mittelgroßen Spiralgalaxie eingebettet ist, die mit Milliarden anderer Galaxien durch die Tiefen des Alls treibt. Helmut Hornung zeichnet auf spannende Weise nach, wie der Mensch allmählich hinter die Geheimnisse des Universums kam, und er gibt einen anschaulichen Überblick darüber, was man heute über Sonne, Mond und Sterne alles weiß.

Olaf Benzinger

Der 11. August 1999

Ein Schatten aus dem Weltraum rast unaufhaltsam auf die Erde zu. Um 11.31 Uhr mitteleuropäischer Sommerzeit berührt der Kegel unseren Planeten bei 41 Grad nördlicher Breite und 65 Grad westlicher Länge. Nur wenige Menschen sind Zeugen dieses kosmischen Kontakts; er findet nämlich nicht auf dem Festland statt, sondern im Atlantik, östlich von New York und südöstlich von Neufundland. Es ist der 11. August 1999 – der Tag, an dem die Sonne aufgehört hat zu scheinen: »Zur selben Zeit, spricht Gott der Herr, will ich die Sonne am Mittag untergehen und das Land am hellen Tage finster werden lassen. Ich will eure Feiertage in Trauer und alle eure Lieder in Wehklagen verwandeln.«

Ein Strafgericht Gottes, wie es der Prophet Amos im Alten Testament beschreibt, ist eine totale Sonnenfinsternis natürlich nicht. Aber wenn sich der Mond langsam vor die gleißende Sonnenscheibe schiebt, wenn das Tagesgestirn nur mehr als schmale Sichel vom Firmament strahlt, sein Glanz plötzlich erlischt und ein matter Lichtkranz die schwarze Sonne umgibt, dann löst das auch an der Schwelle zum dritten Jahrtausend noch Ehrfurcht aus. Tausende Neugieriger machen sich vor jedem dieser kosmischen Schauspiele in jenen Teil der Erde auf, über dem »das Land am hellen Tage finster werden« soll, weil der Kernschatten des Mondes darüber hinwegfegt. Als am 26. Februar 1998 über Mittelamerika und der Karibik für wenige Minuten das Himmelslicht ausging, ordneten die Bürgermeister kolumbianischer Städte an, die Straßenbeleuchtung einzuschalten, um Verkehrsunfällen und Raubüberfällen vorzubeugen. In Haiti rief die Regierung einen Feiertag aus. Und in San Antero, einem Städtchen an der kolumbianischen Nordküste, heiratete ein Paar während der Dunkelheit – in der Hoffnung, ihre Ehe möge mindestens bis zur nächsten von ihrer Heimat aus sichtbaren totalen Sonnenfinsternis halten, also bis ins Jahr 2064.

Eine Finsternis beginnt, wenn der Mond langsam den Ostrand der Sonne berührt (erster Kontakt). Eine »Delle« entsteht. Helligkeit und Temperatur ändern sich allerdings erst wenige Minuten vor der vollständigen Bedeckung, doch dann spitzen sich die Ereignisse zu. Am westlichen Horizont erscheint ein dunkles, wolkiges »Gespinst«: der Kernschatten des Mondes. Unterdessen verdunkelt sich der Himmel, nur der Horizont bleibt hell. Ein milder Wind bläst. Vögel hören auf zu zwitschern, die Natur legt sich schlafen. Das »Gespinst« rast heran. Über weißgestrichene Hauswände flimmern fliegende Schatten. Von einer Sekunde auf die andere erlöschen auch die letzten Strahlen. Eben hat der Sonnenrand noch gefunkelt wie Perlen an einer runden Kette – Licht, das durch Täler im Mondgebirge fällt. Schlagartig umhüllt die Sonne jetzt ein weiß-bläulich schimmernder Strahlenkranz (zweiter Kontakt). Die Zacken dieser Krone ragen bis zum doppelten Durchmesser der Sonnenscheibe in den dunklen Himmel.

In diesem Moment blickt der Beobachter auf die etwa zwei Millionen Grad heiße äußere Sonnenatmosphäre, die Korona. Innerhalb der Korona zeigen sich rötliche Flammenzungen. Das sind die Protuberanzen, gewaltige Eruptionen, die Gas mit Geschwindigkeiten von bis zu 700 000 Kilometern pro Stunde ins All spucken. Am fahlen Firmament schimmern Planeten und helle Sterne. Es fällt schwer, alle Eindrücke aufzunehmen, doch es geht weiter: Am Westrand blitzen die ersten Strahlen durch ein Mondtal (Diamantring-Effekt), kurz darauf leuchtet die ganze Perlenkette wieder auf (dritter Kontakt). Der Mond zieht sich langsam zurück, sein Schatten jagt zum östlichen Horizont davon. Es wird heller, die Temperatur steigt. Die Natur erwacht. Etwa drei Stunden nach dem

Beginn der Verfinsterung gibt der Neumond die Sonne frei (vierter Kontakt). Sie strahlt in gewohntem Glanz, als wäre nichts gewesen.

Zurück zum 11. August 1999. In der Zeit, in der Sie diesen kurzen Absatz lesen, legte der Schattenkegel des Mondes eine Strecke von etwa 35 Kilometern zurück. Gut vierzig Minuten nach dem ersten Erdkontakt war er in Plymouth an der Südküste von Cornwall angekommen. Der jetzt 103 Kilometer breite Kernschatten jagte über den Ärmelkanal, über Reims, Verdun und Metz, erreichte um 12.33 Uhr Stuttgart, zog weiter über Ulm, Augsburg, München (12.37 Uhr) und Salzburg Richtung Ungarn. Nahe der rumänischen Stadt Rîmnicu-Vîlcea dauerte die totale Sonnenfinsternis mit 2 Minuten 23 Sekunden am längsten. Sie endete gegen 14.36 Uhr im Golf von Bengalen östlich der indischen Küste.

Kaum ein anderes Naturphänomen bewegt die Menschen so stark wie eine Sonnenfinsternis. Bereits die Babylonier, die im 2. Jahrtausend vor Christus den Lauf der Gestirne beobachteten, bemerkten einen etwa 18jährigen Zyklus, nach dem sich dieser Vorgang wiederholt. Eine Erklärung dafür hatten die Priesterastrologen nicht, ebensowenig konnten sie diese Ereignisse vorhersagen – spiegeln sie doch das ewige Ticken des himmlischen Uhrwerks wider, dessen Bauplan sich erst im 16. Jahrhundert zu erschließen begann. Auch dem griechischen Mathematiker und Philosophen Thales von Milet blieb der wahre Lauf von Sonne, Mond und Sternen rätselhaft. Dennoch soll er im Jahr 585 vor Christus eine totale Sonnenfinsternis prophezeit haben. Nach dem Historiker Herodot hat diese Finsternis über Kleinasien sogar einen Krieg zwischen Lydern und Medern entschieden. Just am Tag der großen Schlacht schob sich der Mond vor die Sonne. Angeblich hatte Thales die Lyder gewarnt, die Meder wußten von dem Naturereignis dagegen nichts. Voller Furcht ließen sie vom Kampf ab.

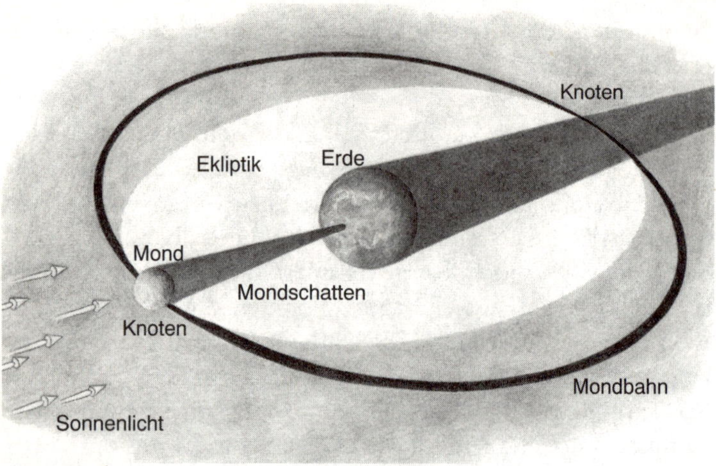

Nur wenn der Mond nahe einem der beiden Knoten steht, kann sein Schattenkegel die Erde treffen.

Das Drehbuch für ein astronomisches Schattenspiel ist kompliziert. Drei Akteure müssen zur rechten Zeit und am rechten Ort ihren Einsatz haben. Beginnt der Mond die Sonne »anzuknabbern«, schiebt er sich Stück für Stück weiter vor ihre Scheibe, verdeckt er sie schließlich, dann vergessen selbst hartgesottene Naturwissenschaftler Formeln und Zahlen. Was versetzt die Menschen derart in Erstaunen, daß so mancher Finsternisfan im entscheidenden Moment vergißt, den Auslöser seiner Kamera zu betätigen? Kaum jemand hat den Reiz besser beschrieben als der österreichische Dichter Adalbert Stifter. Von Wien aus beobachtete er die totale Sonnenfinsternis am 8. Juli 1842. Seine Schilderung ist wohl die treffendste, die ein Augenzeuge je verfaßt hat:

»Der Mond stand mitten in der Sonne, aber nicht mehr als schwarze Scheibe, sondern gleichsam halb transparent wie mit einem leichten Stahlschimmer überlaufen, rings um ihn kein Sonnenrand, sondern ein wundervoller schöner Kreis von

Schimmer, bläulich, rötlich, in Strahlen auseinanderbrechend, nicht anders, als gösse die oben stehende Sonne ihre Lichtflut auf die Mondeskugel nieder, daß es rings auseinanderspritzte (...) Draußen, weit über das Marchfeld hin, lag schief eine lange, spitze Lichtpyramide gräßlich gelb, in Schwefelfarbe flammend und unnatürlich blau gesäumt; es war die jenseits des Schattens beleuchtete Atmosphäre, aber nie schien ein Licht so wenig irdisch und so furchtbar, und von ihm floß das aus, mittelst dessen wir sahen.«

Nicht nur den Menschen früherer Zeiten flößte das kosmische Schattenspiel Angst und Schrecken ein. Als am 16. Februar 1980 der Mond die Sonne über Kenia verdunkelte, flüchteten sich die Bewohner des Landes in ihre Hütten oder versuchten, mit ohrenbetäubendem Lärm den Dämon der Dunkelheit zu vertreiben. Ebenso haben die Chinesen reagiert, wenn sie mit eigenen Augen zusehen mußten, wie ein fürchterlicher, feuerspeiender Drachen die Sonne verschlang. (Glücklicherweise hat er sie noch jedesmal wieder ausgespuckt.) In der Astrologie, der Sterndeuterei, kündigt eine Sonnenfinsternis traditionell Unheil an.

Was aber verbirgt sich hinter dem Phänomen? Die wissenschaftliche Antwort auf diese Frage ist weit weniger märchenhaft als die mythologische, gleichwohl gründet sie auf einem – wenn man so will – magischen Zufall: Der im Durchmesser knapp 3500 Kilometer große Mond paßt ziemlich genau auf die im Querschnitt 1,4 Millionen Kilometer messende Sonne. Diese ist zwar 400 Mal größer als der Erdtrabant – aber auch 400 Mal weiter weg. Am irdischen Firmament erscheinen die beiden Himmelskörper daher unter demselben scheinbaren Durchmesser von etwa einem halben Winkelgrad. Diese Laune der Natur allein macht aber noch keine Finsternis. Dazu muß der Mond die Sonne am Himmel treffen und vor ihrem strahlenden Antlitz vorbeiwandern. Das kann nur bei Neumond geschehen, denn nur dann steht der Mond zwi-

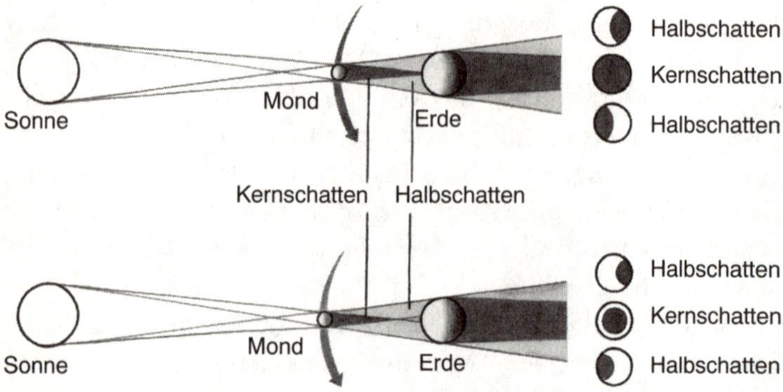

Reicht der Kernschatten des Mondes bis zur Erdoberfläche, tritt eine totale Sonnenfinsternis ein (oben). Bei einer ringförmigen Sonnenfinsternis (unten) berührt der Schattenkegel des Mondes die Erde nicht, um die schwarze Mondscheibe bleibt ein schmaler Saum.

schen Erde und Sonne. Diese Konstellation tritt zwar jeden Monat ein, genauer alle 29 Tage, 12 Stunden und 44 Minuten. Dennoch sind totale Sonnenfinsternisse nicht allzu häufig; die vom 11. August 1999 beispielsweise war die einzige im 20. Jahrhundert über Mitteleuropa. Grund für den Seltenheitswert: Die Mondbahnebene ist um einen Winkel von fünf Grad gegen die Ebene geneigt, in der die Erde einmal pro Jahr die Sonne umläuft; diese Ebene heißt Ekliptik. In den meisten Fällen zieht der Neumond unbemerkt oberhalb oder unterhalb der Sonnenscheibe vorbei.

Gelegentlich steht der Neumond sehr nahe oder direkt in einem der beiden »Knoten« oder »Drachenpunkte«, wie Fachleute die Schnittpunkte zwischen Mondbahn und Ekliptik zur Erinnerung an das sonnenhungrige Untier der Chinesen nennen. Welches Ausmaß die Finsternis letztlich annimmt, hängt unter anderem vom Abstand des Mondes zur Erde ab und von der Distanz unseres Planeten zur Sonne. Am günstigsten steht der Neumond nahe zur sonnenfernen Erde. Aber selbst dann überdeckt der Kegel des Kernschattens auf der Erdoberfläche höchstens ein etwa 300 Kilometer breites Gebiet, berührt er unseren Planeten doch stets nur mit der Spitze. Weil diese pro Stunde mehrere tausend Kilometer in östlicher Richtung zurücklegt, ist eine totale Finsternis für einen Ort entlang dieses schmalen Pfades eine flüchtige Angelegenheit. Maximal 7 Minuten 31 Sekunden kann die »Totalität« dauern. Die Finsternis am 16. Juli 2186 wird nur zwei Sekunden unter diesem Höchstwert bleiben. Dagegen war die schwarze Sonne am 11. August 1999 nur höchstens 143 Sekunden lang zu bestaunen. Oftmals reicht der Kernschatten nicht einmal bis zur Erde. Wer das Glück hat, sich exakt in der Verlängerung des Kegels aufzuhalten, sieht eine ringförmige Sonnenfinsternis. Der Mond läßt der Sonnenscheibe ringsum einen winzigen Saum. Schließlich existiert noch eine andere Variante: die partielle Sonnenfinsternis. Sie ist außerhalb des Kernschattens überall dort zu beobachten, wo der bis zu 7000 Kilometer breite Halbschatten die Erdoberfläche überstreicht. Ein solches Schauspiel besitzt ein größeres Publikum, weil es an einem bestimmten Ort häufiger aufgeführt wird als totale Finsternisse. Der Halbschatten ist um ein Vielfaches breiter als der Kernschatten, darüber hinaus funktioniert die teilweise Abdunklung der Sonne auch dann, wenn der Kernschattenkegel die Erde gar nicht trifft, sich also nirgends auf unserem Planeten eine totale Finsternis abspielt. Diese Art ist in den astronomischen Jahrbüchern als »partiell« verzeichnet.

Wie häufig sind Sonnenfinsternisse? Von 1990 bis 2000 waren es weltweit acht totale, sieben ringförmige und zehn partielle. Im 20. Jahrhundert ereigneten sich insgesamt 228 Sonnenfinsternisse. Nur jene vom 11. August 1999 war über Deutschland total. Die letzte »schwarze Sonne« zeigte sich am 19. August 1887, im Kernschatten lagen Berlin, Leipzig,

Magdeburg und Frankfurt/Oder. Die nächste geht am 3. September 2081 über die Bühne. Und wie die Himmelsmechanik so spielt, trifft es wiederum die Menschen in Süddeutschland. Die Zone der Totalität wird etwa zwanzig Kilometer südlich von München verlaufen.

Mit dem Computer und entsprechenden Programmen ist es heute kein Problem, Finsternisse sekundengenau vorauszuberechnen. Als sich Theodor von Oppolzer und seine Mitarbeiter ans Werk machten, alle Finsternisse (auch die des Mondes) zwischen dem 10. November 1208 vor Christus und dem 12. Oktober 2163 aufzuzeichnen, gab es dieses Hilfsmittel noch nicht; in den achtziger Jahren des 19. Jahrhunderts waren Papier, Bleistift und Rechenschieber die einzigen Werkzeuge. In jahrelanger Knochenarbeit erstellten die Wissenschaftler ein Verzeichnis von 8000 Sonnen- und 5200 Mondfinsternissen – jede minutiös berechnet. Als das Buch ›Canon der Finsternisse‹ 1887 in Wien erschien, war sein Herausgeber bereits tot. Oppolzer kannte längst die Erklärung für den geheimnisvoll anmutenden 18jährigen Saroszyklus, den schon die Babylonier gefunden hatten: Die Sonne passiert danach einen bestimmten Knoten der Mondbahn alle 346,62 mittlere Sonnentage; dieser Zeitraum heißt Finsternisjahr und ist um etwa 19 Tage kürzer als unser für die Kalenderrechnung übliches Jahr. 19 Finsternisjahre entsprechen 6585,78 Tagen. Ein synodischer Monat, die Zeit zwischen zwei Neumonden, dauert 29,5306 Tage. Zufällig sind 223 synodische Monate fast exakt so lang wie 19 Finsternis- oder 18 Kalenderjahre, nämlich 6585,32 Tage. Das hat Konsequenzen: Nach jeder dieser 18jährigen Perioden wiederholt sich der Spielplan am Himmel, weil nahezu identische Finsternisbedingungen herrschen. Thales von Milet könnte »seine« Sonnenfinsternis mit Hilfe des Saroszyklus vorausgesagt haben.

Im 18. Jahrhundert erkannten die Astronomen, welch erhellende Einblicke die Momente der Dunkelheit erlaubten.

Mit »schwerem Gerät« starteten Forscher selbst in die entlegensten Winkel der Erde, nur um wenige Minuten lang die schwarze Sonne zu studieren. Immer wieder spielten sich um diese Expeditionen wahre Tragödien ab. Gleich die erste im Herbst 1780 war ein Fehlschlag. Der Forscher Samuel Williams verpaßte die Zone der totalen Sonnenfinsternis, weil es von dem betroffenen Gebiet im amerikanischen Staat Maine damals nur sehr ungenaue Landkarten gab. Starke Nerven brauchte auch Sir Joseph Lockyer, der an Bord der ›Psyche‹ nach Sizilien reiste, um die Finsternis am 22. Dezember 1870 zu beobachten. Die ›Psyche‹ erlitt Schiffbruch, Lockyer erlebte die Totalität trotzdem – für exakt eineinhalb Sekunden! Lockyers Kollege Jules Janssen, der sich mit einem Ballon aus dem von den Preußen belagerten Paris heraustragen ließ und sich dann auf die beschwerliche Reise nach Algerien machte, sah überhaupt nichts: Das Schauspiel lief in Nordafrika hinter einem Vorhang dichter Wolken ab.

Überaus erfolgreich waren dagegen Warren de la Rue und Angelo Secchi. Ihre Expeditionen nach Spanien lösten das Rätsel der roten Feuerzungen. Von unterschiedlichen Orten auf der iberischen Halbinsel aus fotografierten die beiden bei gutem Wetter die Finsternis vom 18. Juli 1860. Auf allen Daguerreotypien, wie die Aufnahmen damals noch hießen, erschienen dieselben Protuberanzen an denselben Positionen innerhalb der Korona. Außerdem zeigten die Bilder deutlich, daß sich die Scheibe des Neumonds vor den Protuberanzen vorbeibewegte. Diese Flammen konnten keine Erscheinungen innerhalb der Erdatmosphäre sein, sondern mußten unmittelbar mit der Sonne zu tun haben.

Vor seinem Mißerfolg mit dem Ballon war Jules Janssen zur Finsternis am 18. August 1868 nach Indien gereist. Damals hatte er Glück, machte eine Entdeckung – und hatte eine Idee. Während der Totalität zerlegte er das Licht der Protuberanzen mit Hilfe eines Spektroskops in einen »Regenbogen«. In diesem Spektrum zeigten sich helle Linien – die Fingerabdrücke chemischer Elemente. Auf diese Weise fand Janssen heraus, daß die Protuberanzen überwiegend aus Wasserstoff bestehen. Janssen wollte die Linien im Licht der Gaseruptionen auch außerhalb totaler Finsternisse beobachten. Dies gelang ihm am nächsten Tag. An einem Fernrohr montierte er ein Spektroskop, richtete das Instrument auf jene Stelle am Sonnenrand, wo er eine helle Protuberanz gesehen hatte, und schaute auf die Linie des Wasserstoffs. Er bewegte das Teleskop leicht und tastete Streifen für Streifen den gesamten Sonnenrand ab. Auf diese Weise entstand gleichsam ein Mosaik der Protuberanzen. Es bedurfte also nicht mehr des seltenen Naturschauspiels, um sie zu verfolgen. Mit dem Protuberanzenfernrohr, in dem ein kleiner Kegel die Rolle des Neumonds spielt und die helle Sonnenscheibe abdeckt, beobachten und fotografieren heute selbst Amateurastronomen mühelos die roten Flammenzungen.

Zu der Zeit, als Janssen mit dem Spektroskop experimentierte, wußten die Forscher bereits, daß die Sonne ein gigantischer Gasball ist, also keine feste Oberfläche besitzt. Die Korona schien der Ausläufer dieses Gasballs zu sein. Charles A. Young und William Harkness wollten sie bei der Finsternis vom 7. August 1869 eingehend unter die Lupe nehmen. Dazu zerlegten sie das matte Licht dieser Krone in ein Spektrum. Zum Erstaunen der beiden Forscher fehlten die dunklen Linien, dafür sahen sie eine helle, die im grünen Bereich leuchtete. Sie ließ sich keinem auf der Erde bekannten Element zuordnen. Offensichtlich hatten Young und Harkness ein neues Element entdeckt, das nur innerhalb der Sonnenkorona vorkam. Daher erhielt dieser »Stoff« den Namen Coronium. Erst im Jahr 1942 identifizierte der schwedische Wissenschaftler Bengt Edlén die geheimnisvolle grüne Koronalinie: Sie stammt von Eisen, dessen Atomkerne die Hälfte ihrer jeweils 26 Elektronen verloren haben. Das ist nur bei sehr geringer Verdünnung und unter extrem hohen Temperaturen des Gases möglich. Die Korona mußte Millionen Grad heiß sein. Dagegen ist die Photosphäre, die sichtbare äußere Gashülle des Sonnenballs, mit 5500 Grad geradezu angenehm »kühl«. Die Sonnenatmosphäre reicht viel weiter in den Weltraum hinaus. Welcher Prozeß heizt sie so gewaltig auf? Diese Frage beschäftigt die Fachleute noch heute. Offenbar spielen starke Magnetfelder die entscheidende Rolle.

Totale Sonnenfinsternisse haben nicht nur das Wissen über unser Tagesgestirn vermehrt. Zum Beispiel spiegelt die Differenz zwischen vorausberechneten und tatsächlichen Finsterniszeiten Störungen der Mondbahn und Unregelmäßigkeiten der Erdrotation wider. In antiken und mittelalterlichen arabischen Aufzeichnungen wurden Abweichungen gefunden. Daraus schließen die Experten, daß sich der Mond von der Erde jährlich vier Zentimeter entfernt. Darüber hinaus scheint sich unser Planet immer langsamer zu drehen; pro Jahrhundert nimmt die Tageslänge um 0,0016 Sekunden zu.

Die vielleicht wichtigste Entdeckung während einer Sonnenfinsternis gelang am 29. Mai 1919. Damals wurde ein neues physikalisches Gedankengebäude bestätigt: Im Jahr 1907 hatte sich Albert Einstein der Frage gewidmet, wie die Schwerkraft den Weg des Lichts beeinflußt. Bereits mehr als ein Jahrhundert zuvor hatte sich der Astronom Johann Georg von Soldner für genau das selbe Problem interessiert. Wenn das Licht aus Teilchen bestünde, so Soldners Überlegungen, müßte es der Schwerkraft ebenso gehorchen wie ein hochgeschleuderter Stein, der zur Erde fällt. Einstein berechnete, daß ein Lichtstrahl, der die Sonne streift, von deren Schwerkraft um 0,875 Bogensekunden abgelenkt werden müßte. Während einer totalen Sonnenfinsternis sollte diese Voraussage überprüft werden, denn nur dann lassen sich Sonne und Sterne gleichzeitig am Himmel beobachten. Die Wissenschaftler müßten die Positionen von Sternen nahe des Sonnenrands messen und sie mit den in ihren Katalogen verzeichneten vergleichen, um die Abweichung festzustellen. Zu Anfang des Jahrhunderts stellte eine solche Beobachtung große Anforderung an die Meßgenauigkeit der Instrumente. 0,875 Bogensekunden sind ein sehr kleiner Winkel und entsprechen etwa einem Zweitausendstel des Vollmonddurchmessers. Zum Glück für die Astronomen verdoppelte Einstein diesen Wert im Jahr 1915. Dies forderte seine Allgemeine Relativitätstheorie, wonach Masse den Raum regelrecht verbiegt – wie ein Schlafender, der seine Matratze »eindellt«. Diese Raumkrümmung sollte das Licht auf die schiefe Bahn bringen und einen Stern am Sonnenrand um 1,75 Bogensekunden verschieben.

Am 8. März 1919 brachen von England zwei Expeditionen auf. Eine führte auf die Insel Principe vor der Küste Spanisch-Guineas, die andere in die Stadt Sobral in Nordbrasilien. Am Tag der Finsternis begann es auf Principe heftig zu regnen. Gegen Mittag, kurz bevor sich der Mond vor die Sonne schob, riß die Wolkendecke auf. Sir Arthur Stanley Eddington gelangen 16 Aufnahmen. Nur zwei davon waren brauchbar. Sie zeigten jeweils fünf Sterne – und den von Einstein vorausgesagten Effekt (Eddington maß 1,60 +/- 0,31 Bogensekunden). Auch Andrew Grommelin in Nordbrasilien war erfolgreich. Auf den acht Fotoplatten erschienen die Sterne durchschnittlich um 1,98 +/- 0,12 Bogensekunden verschoben. Dank einer totalen Sonnenfinsternis hatte Einsteins Allgemeine Relativitätstheorie den ersten Test bestanden. »Revolution in der Wissenschaft«, lautete die Schlagzeile der Londoner ›Times‹ am 7. November 1919. Einmal mehr hatten astronomische Beobachtungen unser Weltbild verändert.

Wichtiger Hinweis: Niemals ohne ausreichenden Augenschutz die Sonne außerhalb der Totalität beobachten! Der Fachhandel bietet spezielle Sonnenbrillen und geeignete Filter für optische Geräte an.

Sonne, Mond und Sterne

Die Entdeckung des Himmels

Der erste Computer der Welt steht in der südenglischen Grafschaft Wiltshire. Inmitten saftiger Wiesen der Salisbury-Ebene ragen die mehrere Meter hohen Steine von Stonehenge zum Himmel. Die Hand eines Riesen scheint manche zu mächtigen Felsentoren aufgeschichtet zu haben. Bis zu fünfzig Tonnen wiegen beispielsweise die Sandsteinfindlinge, die offensichtlich in der dritten und letzten großen Bauphase herangeschafft wurden. Aber nicht Giganten haben sie vor vielleicht 3500 Jahren auf Baumstämmen gerollt oder mit Schlitten an ihren Platz gezogen, sondern Arbeiter unter der Anleitung von Priestern und Sternkundigen.

Um 3000 vor Christus begann das Volk der Windmill-Hill-Kultur, einen kreisförmigen Erdwall mit etwa hundert Meter Durchmesser anzulegen. Danach wurde der Heelstone, der Fersenstein, plaziert. Der Klotz steht innerhalb der »Avenue«, die von Stonehenge ungefähr 120 Meter weit nach Nordosten verläuft. An den Erdwall schließen sich nach innen drei Löcherringe an. Dann kommt der »Sarsenkreis« aus ehemals dreißig aufrecht stehenden Sandsteinen; auf jedem Steinpaar lag ein dritter Querblock. Dieser Ring aus vier Meter hohen Felsentoren hatte rund dreißig Meter Durchmesser. Innerhalb des Rings stand früher noch ein zweiter Kreis von 59 oder 61 Blausteinen, die nicht aus der Gegend stammten, sondern aus den Prescelly-Bergen in Wales. Die Baumeister mußten sie über eine Strecke von mehreren hundert Kilometern transportieren. Im Zentrum von Stonehenge ragten fünf hufeisenförmig angeordnete Trilithen (freistehende Bogen aus jeweils drei Steinen), 19 Blausteine und ein einzelner Brocken, Altarstein genannt, empor.

Viele der Steine sind längst verschwunden, ein Zaun schützt die Anlage vor Touristen. Daher sieht Stonehenge heute bei weitem nicht mehr so beeindruckend aus wie einst. Dennoch fällt es schwer, sich der Magie des Ortes zu entziehen, zumal am Abend, wenn die Sonne als orangefarbener Ball hinter dem Horizont verschwindet und die ersten Sterne über den rätselhaften Felskolossen aufblitzen. Welchem Zweck diente Stonehenge? War es ein riesiger Steinkalender, um die Jahreszeiten festzulegen? Tatsächlich bestätigte Norman Lockyer zu Beginn des 20. Jahrhunderts, daß die Sonne am Tag des Sommeranfangs (21. Juni) in Richtung der Visierlinie Fersenstein – Zentrum der Anlage aufgeht. In den sechziger Jahren suchte Gerald Hawkins mit einer elektronischen Rechenmaschine nach Beziehungen zwischen der Orientierung von Steinen und allen möglichen Linien, die durch die Auf- und Untergänge von Sonne und Mond definiert sind. Das Ergebnis paßte zur Kalendertheorie. Mehr noch: Stonehenge läßt sich wie ein Rechenbrett (Abakus) verwenden, um Finsternisse vorauszusagen.

Ob die Steinkreise damit schon mit letzter Sicherheit als frühzeitliches Observatorium dekodiert sind, liegt weiterhin im dunkeln. Das Steinmonument entstand ja nicht aus einem Guß, sondern über einen Zeitraum von Tausenden von Jahren. Es ist kaum vorstellbar, daß jene, die das Werk vollendeten, noch etwas von der Intention derer ahnten, die den Grundstein gelegt hatten. Manche Autoren glauben daher, daß Stonehenge weniger kalendarischen als vielmehr sakralen Zwecken diente. In jedem Fall ist das Weltkulturerbe der UNESCO ein Ort, an dem die Menschen dem Himmel besonders nahe kamen – ob in religiösen Riten oder mittels astronomischer Beobachtungen.

Stonehenge legt Zeugnis davon ab, daß der Lauf der Gestirne bereits die alten Kulturen in Bann geschlagen hat. Wann zum ersten Mal Menschen über die Erscheinungen am Firmament gerätselt haben, ist unbekannt. In der Höhle von Lascaux in Südfrankreich wurden rund 17 000 Jahre alte Felszeichnungen mit Jagdszenen gefunden, auf denen offenbar auch Sterne dargestellt sind. Die Menschen damals waren noch keine Astronomen, und doch bewegten sie so elementare Fragen wie: »Woher kommen wir?« oder »Wohin gehen wir?« Ansätze für Antworten liefern Metaphysik und Physik. Vor 4000 oder 5000 Jahren waren beide eng miteinander verwoben. Für die frühen Hochkulturen hing der Himmel voller Götter, die das Schicksal der Menschen lenkten. Es bedurfte einer genauen Beobachtung der Gestirne, um den überirdischen Willen zu kennen. Auf diese Weise entstanden Astronomie und Astrologie, Sternkunde und Sterndeuterei, Wissenschaft und Irrlehre. Die Astrologie hat sich bis heute erhalten, obwohl der Himmel längst von Göttern entvölkert ist. Die Astronomie gilt dagegen als älteste Naturwissenschaft, die mit modernsten Instrumenten das Universum erforscht. Sie beschäftigt sich mit Verteilung, Bewegung, physikalischen Zuständen und Zusammensetzung von Materie im All und untersucht Entwicklung und Struktur des gesamten Kosmos. Astronomie ist Grundlagenforschung und rührt wie kaum eine andere wissenschaftliche Disziplin an den Wurzeln der Erkenntnis. Und sie hat wie kaum eine andere Wissenschaft über Jahrtausende das Weltbild geprägt.

Betrachten wir in einer klaren Sommernacht fernab von den Lichtern einer Stadt das Firmament: Wir sehen ungefähr 3400 Sterne unterschiedlicher Helligkeit. Mit einiger Phantasie lassen sie sich zu Figuren – Dreiecken, Kreuzen oder Quadraten – zusammenfassen. Ein milchiges Band spannt sich quer über das Himmelsgewölbe. Im Lauf einer Nacht wandert es ebenso wie alle Sternfiguren allmählich von Osten nach Westen. Nur ein Lichtpünktchen in nördlicher Richtung bleibt stets an seinem Platz. Das scheint die Nabe zu sein, an der die Achse der himmlischen Drehbühne befestigt ist. Sie schwingt um den unbeweglichen Zuschauerraum – dem mehr oder weniger flachen Stück Erde, das wir gerade überschauen. Vielleicht löst sich lautlos hie und da ein Sternchen, zieht mit einer leuchtenden Spur über den Himmel und erlischt Sekunden später. Vielleicht entdecken wir irgendwo einen auffallend hellen, rötlichen Stern, der ruhig vor sich hin glimmt. Wenn wir ihn Tage oder Wochen später wieder beobachten, hat er im Vergleich zu seinen Nachbarsternen den Ort verändert, ist langsam gewandert.

Aus dem, was wir mit bloßem Auge sehen, können wir wenig über die physikalische Natur der Sterne aussagen. Mag sein, daß höhere Wesen die Gestirne lenken. Wir wissen auch nicht, wie weit entfernt sie sind. Augenscheinlich aber sitzen sie an der Innenseite einer großen Kugel, die in westlicher Richtung um die unbewegliche Erde rotiert. Irgendwie sind an dieser Sphäre auch noch Sonne und Mond fixiert. Doch deren Bewegung ist kompliziert. Innerhalb eines Monats ändert der Mond seine Gestalt. Und die Sonne steigt im Lauf eines Jahres unterschiedlich hoch über den Südhorizont. Auch der rötliche Stern – und fünf andere, mit freiem Auge sichtbare Sterne tun es ihm gleich – wandert am Himmel auf verschlungenen Pfaden. Sonne, Mond und diese seltsamen Wandelsterne müssen auf eigenen Schalen laufen. Auf den ersten Blick leuchtet unser Weltbild ein. Weil unser Beobachtungsort, die Erde, unverrückbar und unbeweglich im Zentrum des Alls steht, nennen wir es geozentrisch.

Die Astronomie der ersten Hochkulturen im Nahen und Fernen Osten ruhte auf dem Fundament dieses geozentrischen Universums. Beobachtungen mit bloßem Auge widersprechen diesem einfachen Weltbild grundsätzlich nicht. Allerdings vermag es bei weitem nicht alles zu erklären, was uns bei längerem sorgfältigem Studium des Himmels auffallen würde. Wie wir noch sehen werden, sind bereits den antiken griechischen Astronomen solche Unstimmigkeiten nicht verborgen geblieben. Um so erstaunlicher, daß gerade sie maßgeblich daran mitgewirkt haben, das geozentrische System zu festigen und zu überliefern. Jahrhundertelang hat es das Denken der Menschen bestimmt, sicher auch das der alten Chinesen, wenngleich sie sich weniger um den Entwurf kosmographischer Weltmodelle als vielmehr um die Himmelsphänomene selbst kümmerten. Oder nicht kümmerten, wie zwei kaiserliche Hofastronomen: Weil sie sich lieber dem Alkohol statt der Voraussage einer totalen Sonnenfinsternis gewidmet hatten, das Volk daher unvorbereitet war und in Panik geriet, ließ der Kaiser die beiden hinrichten. So jedenfalls will es die Legende. Sie enthält sicher ein Körnchen Wahrheit, macht sie doch deutlich, daß die Beobachtung und Voraussage ungewöhnlicher astronomischer Ereignisse in der Tat zu den wichtigsten Aufgaben der chinesischen Sternkundigen zählte. Nicht von ungefähr sind uns gerade von dieser Kultur wertvolle Aufzeichnungen über Kometen, Meteore, Sonnen- und Mondfinsternisse und sogar von mit freiem Auge sichtbaren großen Sonnenflecken überliefert.

Bei den Babyloniern erlebte die Astronomie im 8. Jahrhundert vor Christus eine erste Blüte. Von hohen Türmen aus – den Zikkuraten – verfolgten Kundige den Lauf der Planeten auf Bruchteile eines Tages genau. Die von ihnen aufgezeichnete totale Sonnenfinsternis vom 15. Juni 763 vor Christus gehört zu den ältesten überlieferten Beobachtungen dieser Art. Die babylonischen Priesterastrologen bestimmten die Länge des Jahres und teilten es in Monate und Schaltmonate ein. Das Kalenderwesen war neben religiösen und astrologischen Motiven einer der wichtigsten Beweggründe für die Beschäftigung mit dem Himmel. Wer dessen Zyklen verfolgte, besaß den Schlüssel zur Zeit und zu den Jahreszeiten. Das war wichtig für Aussaat und Ernte und damit für das Leben und Überleben eines ganzen Volkes.

Alle alten Kulturen erkannten die besondere Stellung der Sonne. Die Mayavölker Mittelamerikas verehrten sie ebenso wie die alten Ägypter. Re, der unsterbliche ägyptische Sonnengott, fuhr täglich in einer Barke über das Himmelsgewölbe. Abends tauchte er in das Reich der Unterwelt, aus dem er am Morgen unversehrt emporstieg. Am nächtlichen Firmament verehrten die Ägypter Sirius, den hellsten Fixstern. Er, Sohn des Erdgottes Geb und der Himmelsgöttin Nut, trug die Krone des Osiris und galt unter anderem als Bote von Reichtum und Wohlstand. Damals erschien Sirius jeweils am 20. Juli nach einer Periode der Unsichtbarkeit zum ersten Mal wieder vor Sonnenaufgang am östlichen Horizont. Um diese Jahreszeit trat der Nil über seine Ufer. Das Wasser überschwemmte das umliegende Land und machte die Böden fruchtbar. Somit war der Zyklus von Auf- und Untergang, von Werden und Vergehen, von Tod und Auferstehung, von Fruchtbarkeit und Unfruchtbarkeit eng mit den Gestirnen (in dem Fall mit Sirius) verknüpft. Ein wenig von diesem mystischen Sternglauben hat sich erhalten, wenn wir von den »Hundsstagen« sprechen und die heißeste Zeit des Sommers zwischen dem 23. Juli und dem 23. August meinen. Sirius im Bild Großer Hund – daher seine volkstümliche Bezeichnung »Hundsstern« – zeigt sich heute allerdings erst Ende August in der östlichen Morgendämmerung.

Astrologie, religiöser Kult und Kalenderwesen: das sind über Jahrtausende hinweg die Säulen der Astronomie. Bei den Griechen erhält die Beschäftigung mit den Sternen eine neue Qualität. Das Interesse gilt nicht länger nur den Erscheinungen selbst, sondern dem, was sich dahinter verbirgt. Nicht mehr Priester erforschen das Firmament, Naturphilosophen machen sich auf, nach dem »Urgrund« der Welt zu suchen. Mit Hilfe von Geometrie und Mathematik versuchen sie, Ordnung in den Kosmos zu bringen. Anaximander von Milet (611 bis 546 vor Christus) vergleicht die Sonne mit einem Wagenrad. Dessen Radkranz ist hohl und voller Feuer; an einem bestimmten Punkt scheint es durch eine Öffnung »wie die Düse eines Blasebalgs« aus der Felge heraus. Auch der Mond hat die Form eines solchen Wagenrads. Es ist 19 Mal so groß wie die Erde, die wiederum die Gestalt eines Zylinders besitzt. Ebenfalls im 6. Jahrhundert vor Christus lehren die Pythagoreer die Harmonie der Welt. Kreis und Kugel erheben sie zu perfekten geometrischen Figuren: Die Gestirne laufen auf Kreisbahnen um die kugelförmige Erde, die nicht länger eine vom Okeanos umspülte flache Scheibe ist.

Diesen Geozentrismus beweist die Physik des Aristoteles (384 – 322 vor Christus), wonach die schweren Elemente Wasser und Erde stets dem Mittelpunkt der Welt zustreben. Das Konzept hält einem einfachen Experiment stand: Gegenstände fallen nun mal zur Erde. Darüber hinaus belegen zwei andere Beobachtungen die irdische Kugelgestalt. Von einem Schiff, das sich dem Horizont nähert, verschwindet aufgrund der Erdkrümmung zunächst der Rumpf, dann der Mast. Und der Rand des Schattens, den unser Planet während einer Mondfinsternis in den Raum wirft, erscheint auf dem Trabanten stets als Kreisbogen. Nur eine Kugel kann auf einer Projektionsfläche eine solche Form erzeugen. Mittels einer einfachen Sonnenuhr berechnet Eratosthenes (275 – 195 vor Christus) den Erdumfang aus den Mittagshöhen der Sonne über Syene und Alexandria. Als Ergebnis erhält der Gelehrte 250 000 Stadien, entsprechend etwa 37 000 Kilometer (tatsächlicher Wert am Äquator: 40 076,6 Kilometer).

Das Weltbild des Aristoteles löst elegant den Gegensatz zwischen Irdischem und Himmlischem, zwischen Wandelbarem und Ewigem. Merkur, Venus, Mars, Jupiter und Saturn – die damals bekannten weil mit bloßem Auge leicht sichtbaren Planeten (griechisch plános: irrend, umherschweifend) –

sowie Mond und Sonne laufen auf konzentrischen Schalen. Die äußerste trägt die Fixsterne, die innerste den Erdtrabanten. Dessen Sphäre teilt den Kosmos in die sub- und in die translunare Region. Die Himmelskörper bestehen nicht aus Wasser und Erde, nicht aus Feuer und Luft, sondern aus einem fünften Element, der »quinta essentia«. Dieser Äther ist ein kristalliner, durchsichtiger Stoff, der das gesamte Universum einschließt. Kein Ort darin darf leer sein (»horror vacui«). Und noch etwas machte dieses in seinen Grundzügen plausible Weltbild für die Menschen attraktiv: Es ließ Raum für einen Gott, ja es forderte ihn geradezu. Denn das aristotelische »erste unbewegt Bewegende«, das die gesamte Himmelsmaschine antrieb, wurde im christlichen Mittelalter zum »göttlichen Beweger«. Der Mensch durfte in der Weltmitte sitzen und voller Staunen die von Gott geschaffenen Himmelskörper betrachten. So war der Blick zum Himmel gleich dem Blick zu Gott, der über der Erde thronte und an seiner Schöpfung Wohlgefallen fand.

Die Harmonie der Welten erwies sich bei weitem als nicht so perfekt, wie es Aristoteles darstellte. Sonne, Mond und Planeten gingen ihre eigenen Wege. Das Tagesgestirn läuft auf der Ekliptik in etwa 365,25 Tagen einmal in östlicher Richtung um die gesamte Himmelssphäre. Dabei ist seine Geschwindigkeit keineswegs konstant. Auf der nördlichen Halbkugel verstreichen zwischen Frühlings- und Herbst-Tagundnachtgleiche 186 Tage; dagegen vergehen nur 180 Tage, bis die Sonne vom Herbst- zum Frühlingspunkt wandert. Das heißt: Die Jahreszeiten dauern unterschiedlich lang. Noch komplizierter ist der Lauf der Planeten, wenn man ihn über Wochen oder Monate betrachtet. Da zieht zum Beispiel der rötlich schimmernde Mars am Firmament gemächlich unter den Fixsternen von Westen nach Osten. Plötzlich bleibt er stehen und kehrt, eine Schleife ziehend, um. Nachdem er vier Monate lang »rückwärts« gelaufen ist, setzt er seinen Weg

Richtung Osten fort. Während dieser ganzen Aktion nimmt die Helligkeit des Mars zu und wieder ab. Gleiches gilt auch für Jupiter und Saturn. Merkur und Venus wiederum halten sich stets nahe der Sonne auf. Einmal stehen sie als »Morgensterne« westlich von ihr in der Morgendämmerung über dem östlichen Horizont, dann wieder als »Abendsterne« östlich der Sonne über dem westlichen Horizont.

Die griechischen Sternkundigen kannten dieses seltsame Verhalten der Gestirne. Mit dem ursprünglichen Modell des Aristoteles war es nicht zu erklären. Andererseits wollten die meisten an dessen Grundfesten nicht rütteln. So machten sich Generationen von Astronomen daran, die »Erscheinungen zu retten«. Einer davon war Eudoxos von Knidos (um 408 – um 355 vor Christus). Er erfand das mathematische Modell der homozentrischen Sphären. Danach ließ er Sonne und Mond auf je drei, die fünf klassischen Planeten auf je vier Kugelschalen laufen. Zusammen mit jener für die Fixsterne umfaßte der Kosmos des Eudoxos 27 Sphären – und erklärte immer noch nicht das Beobachtete. Andere Naturforscher, wie der Eudoxos-Schüler Kallippos, fügten dem Modell weitere Kugelschalen hinzu, Aristoteles selbst entwarf noch ein komplizierteres Gebilde mit 56 Schalen. Durch entsprechende Umlaufzeiten und Achsneigungen wurde schließlich eine recht brauchbare Annäherung an die beobachteten scheinbaren Planetenbahnen erreicht. Mars jedoch tanzte aus der Reihe, und die Helligkeitsschwankungen der Planeten blieben ebenfalls rätselhaft. Um 45 vor Christus schrieb der Astronom Sosigines: »Die Sphären der Anhänger des Eudoxos erklären die Erscheinungen nicht.«

Auf der Suche nach Alternativen entwickelten Apollonius von Perge (um 262 – um 190 vor Christus) und Hipparch von Nizäa (etwa 190 – etwa 125 vor Christus) das mathematische Modell von Epizykel und Deferent. Vereinfacht gesagt, bewegt sich ein Planet auf einem kleinen Kreis (Epizykel), dessen Mittelpunkt wiederum auf dem Umfang eines zweiten, größeren Kreises (Deferent) liegt. Im Zentrum des Deferenten ruht die Erde. Auf diese Weise erklären sich die Schleifenbewegungen der Planeten ebenso wie ihre Helligkeitsschwankungen. Hipparch ging einen Schritt weiter. Um auch noch der scheinbar wechselnden Geschwindigkeit der Sonne am Firmament und der daraus resultierenden unterschiedlichen Länge der Jahreszeiten Rechnung zu tragen, arbeitete er mit exzentrischen Sphären und einem System kombinierter Kreise. Jetzt stand die Erde nicht mehr exakt im Mittelpunkt des Alls. Der Nabel des Kosmos war ein fiktiver geometrischer Punkt geworden – was niemanden störte, war das Ganze doch nur ein mathematisches Postulat. Mit dem ›Syntaxis mathematike‹ – besser bekannt unter dem Titel ›Almagest‹ – des Claudius Ptolemäus (etwa 85 bis etwa 165 nach Christus) erreicht die griechische Astronomie ihren Höhepunkt und zugleich ihren Abschluß. Das in 13 größere Abschnitte eingeteilte Werk faßt das geometrische und mathematische Wissen der Antike zusammen. Eineinhalb Jahrtausende lang galt der ›Almagest‹ als grundlegendes Lehrbuch. Es enthält neben einem Katalog mit 1025 Sternen in 48 Konstellationen, Sehnentafeln und Anleitungen zur Ortsbestimmung auf der Erde in fünf Büchern eine ausführliche Darlegung des geozentrischen Weltbildes mit Epizykeln und Deferenten. Ptolemäus fügte noch jede Menge anderer geometrischer Figuren hinzu, sogenannte Exzenter und Äquanten. So wurde das Räderwerk nahezu unüberschaubar. Die Beobachtungen hat es trotzdem niemals vollständig erklären können. Da mochten die Nachfolger des Ptolemäus über Jahrhunderte mit noch so großem Eifer versuchen, die »Erscheinungen zu retten«, und Dutzende von Sphären kunstvoll ineinander verschachteln. Die Himmelsmaschine wollte einfach nicht rund laufen.

Das ptolemäische und das aristotelische Weltbild ließen die Erde unverrückbar mehr oder weniger exakt im Zentrum des Kosmos ruhen. Viel mehr Gemeinsamkeiten gab es nicht, im

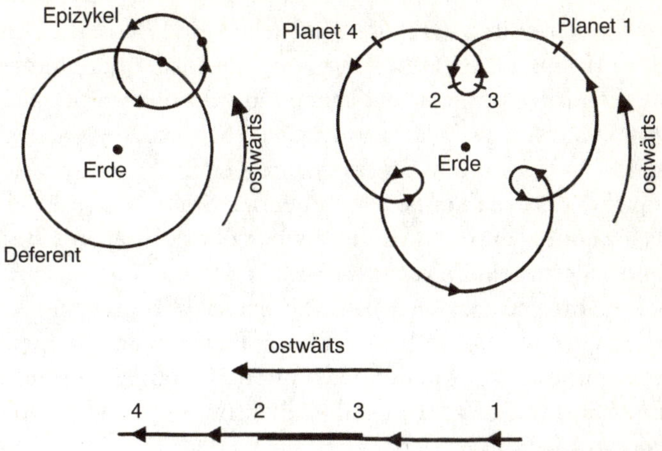

Im geozentrischen System von Apollonius und Hipparch läuft ein Planet auf einem kleinen Kreis (Epizykel), dessen Mittelpunkt auf dem Umfang eines größeren Kreises (Deferent) liegt. Im Zentrum des Deferenten ruht die Erde. Rechts oben ist die Schleifenbewegung des Planeten in der Aufsicht dargestellt, darunter dessen scheinbare Bewegung am irdischen Firmament an den Positionen 1, 2, 3 und 4.

Gegenteil: Der Unterschied der Modelle konnte größer kaum sein. Dieser offensichtliche Widerspruch hat 1500 Jahre lang niemanden gestört. Der Grund dafür leuchtet schwer ein. Offenbar ließ sich die Kluft nur durch eine unterschiedliche Bewertung überbrücken. Aristoteles, der letzte große Vertreter der griechisch-antiken Kultur, hatte ein physikalisch-philosophisches Gedankengebäude entworfen. Demgegenüber bemühte sich Ptolemäus um ein streng astronomisch-mathematisches. Während Aristoteles die Welt grundsätzlich erklärte, tat dies Ptolemäus im Detail und mit Hilfe von mathematischen Spielereien, die nicht unbedingt Realität sein mußten, sondern die Realität nur erklären halfen. Das System von Aristoteles war konkret, jenes von Ptolemäus abstrakt.

Es ist Zeichen der geistigen Vielfalt und Beweglichkeit in der griechischen Antike, daß Naturgelehrte über ein breites Spektrum von unterschiedlichen Universen gegrübelt haben. Anaximander und seine kosmischen »Wagenräder« haben wir schon erwähnt. Anaxagoras dachte sich im 5. vorchristlichen Jahrhundert die Sonne als glühenden Stein, so groß wie der Peloponnes, und den Mond als bewohnte Welt mit Bergen und Tälern. Sein Zeitgenosse Philolaos von Kroton gar schubste die Erde aus der Weltmitte: Sie kreiste jetzt gemeinsam mit einer Gegenerde, mit Sonne, Mond, Planeten und Sternen um ein Zentralfeuer. Von der bewohnten Halbkugel unseres Planeten aus war dieses Feuer aber ebensowenig zu sehen wie die vermeintliche Gegenerde.

Der große Wurf gelang Aristarch, der um 310 vor Christus auf der Insel Samos geboren wurde. Nur eine einzige seiner Schriften über Astronomie und Geometrie ist erhalten geblieben. Darin beschreibt er ein geniales Verfahren, um die Entfernungsverhältnisse von Sonne und Mond zur Erde zu bestimmen. In einer anderen Schrift, die wir lediglich über ein Werk des Archimedes kennen, stellt Aristarch eine kühne These auf: Im Zentrum des Alls steht unbeweglich die Sonne. Die Erde dreht sich einmal täglich um ihre Achse und umrundet die Sonne gemeinsam mit allen anderen Planeten auf geneigten Kreisbahnen. Die Sphäre der Fixsterne ist unbeweglich. Als Konsequenz daraus schließt Aristarch, daß sich die Sterne am Firmament im Lauf eines Jahres verschieben, weil sie die Bewegung der Erde um die Sonne widerspiegeln. Diese Parallaxe, so folgert der Gelehrte völlig korrekt, läßt sich nur deshalb nicht beobachten, weil die Sterne sehr weit entfernt und die Winkel entsprechend klein sind. Erst im Jahr 1838 gelang Friedrich Wilhelm Bessel die Bestimmung einer Fixsternparallaxe. Wie Aristarch auf seine verblüffenden Ideen kam, ist unbekannt. Jedenfalls geriet sein heliozentrisches Weltbild schnell in Vergessenheit. Zu übermächtig war Aristoteles – und die Vorstellung einer durch das Universum wandernden Erde widersprach jeglicher Erfahrung. Kurz: Die Zeit war längst nicht reif für eine Revolution. (Noch heute wird in der Wissenschaft, ganz gleich welcher Fachrichtung, lieber ein konventionelles, bewährtes Konzept ausgereizt als vorbehaltlos Neues akzeptiert.)

Die Revolution kam mit ›De Revolutionibus‹ – was nichts anderes heißt als »Über die Umläufe«. Mit diesen Worten beginnt der Titel eines Werks, das erscheint, als sein Verfasser im Sterben liegt. Mindestens dreißig Jahre lang hatte sich Nikolaus Kopernikus mit der Astronomie und dem Planetensystem auseinandergesetzt. Am 19. Februar 1473 in Thorn geboren, wächst der Junge nach dem frühen Tod des Vaters bei seinem Onkel auf. 1491 – ein Jahr später wird Kolumbus in eine neue Welt aufbrechen – immatrikuliert sich Kopernikus an der Universität Krakau. Nach dem Studium verläßt er die Stadt an der Weichsel und geht im Spätsommer 1496 nach Italien. An der Universität Bologna widmet er sich der Astronomie und lernt das Gedankengut der griechischen Naturphilosophen kennen. Deren Werke sind vor allem über den islamischen Kulturkreis in das mittelalterliche Europa eingedrungen: Zu den bekanntesten arabischen Astronomen zählen al-Farghani (Alfraganus) und al-Battani (Albategnius). Mit großer Genauigkeit studierten sie im 9. Jahrhundert das Firmament. Auf der Grundlage des ptolemäischen Modells bestimmte Albategnius die Exzentrizität der Sonnenbahn, beobachtete vier Finsternisse und verbesserte die Trigonometrie. Alfraganus verfaßte ein Lehrbuch, das im Mittelalter zu hohem Ansehen gelangte.

Im 11. Jahrhundert entdeckt auch das Abendland den Himmel. Die Astronomen vermessen ihn mit Sehrohr (einem Tubus ohne Optik), Armillarsphäre, Quadrant, Astrolab und Sonnenuhr. In Paris lehrt Johannes von Sacrobosco (etwa 1160 bis etwa 1240). Seine nicht einmal hundert Seiten starke ›Sphaera mundi‹ erlebt samt den Kommentaren über drei Jahrhunderte 144 Auflagen und avanciert zum wichtigsten astronomischen Unterrichtswerk an den Universitäten. Um 1350 übersetzt Konrad von Megenberg das Büchlein als erster ins Deutsche. Johannes Müller, genannt Regiomontanus, muß es schon als 15jähriger an der Universität Leipzig gelesen haben. Mit diesem Wissen gerüstet geht er nach Wien, dort unterweist Georg Peuerbach seine Schüler in Astronomie, Mathematik, Philosophie und in lateinischer Dichtkunst. Der Renaissance-Gelehrte beschäftigt sich mit Sonnenuhren und Finsternissen, beobachtet die Positionen von Mond und Sternen, verfaßt die ›Theoria planetarium‹. Peuerbach stirbt 1461 mitten in den Vorbereitungen zu einer Italienreise. In Begleitung des griechischen Kardinals Bessarion reist statt seiner Regiomontanus. Nach jahrelangen Studien in Ferrara, Padua und Venedig sowie einem Aufenthalt in Ungarn kehrt er im Frühjahr 1471 nach Deutschland zurück. In der Reichsstadt Nürnberg gründet er eine Druckerei, die Titel über Astronomie, Astrologie, Mathematik und Geographie produziert. Er erkennt aber auch, daß allein das Wälzen von Lehrbüchern die Astronomie nicht weiterbringt. Wer das All verstehen will, muß mit eigenen Augen darin lesen. In der Rosengasse richtet ihm der reiche Patrizier Bernhard Walther ein Observatorium ein. Es gilt als die erste Sternwarte Deutschlands. Gleich zu Beginn ihrer Beobachtungen nehmen Regiomontanus und Walther einen hellen Kometen ins Visier. Im Januar 1472 erstreckt sich sein Schweif über nahezu ein Viertel des gesamten Firmaments. Regiomontanus ist der erste europäische Gelehrte, der bei größeren Rechnungen arabische Ziffern und das dezimale Stellensystem anwendet. Zu seinen Verdiensten zählt außerdem, einen Auszug aus dem ›Almagest‹ übersetzt und von Fehlern bereinigt zu haben. Das Werk unter dem Titel ›Epitome in Almagestum‹ dominiert die Sternkunde lange Zeit. Am geozentrischen Weltbild zweifelt freilich auch Regiomontanus nicht.

Als er 1476 stirbt, ist Nikolaus Kopernikus gerade drei Jahre alt. Kopernikus' Astronomielehrer in Bologna ist Maria di Novara. Sicher diskutieren er und seine Schüler auch über die Idee eines Johannes Buridan: Die Erde, so spekuliert der scholastische Philosoph, könnte sich durchaus um ihre Achse drehen; das würde den Umschwung der Fixsterne erklären. Kopernikus ist wißbegierig – und Generalist. Er vollendet sein Jurastudium, widmet sich der Medizin und promoviert zum Doktor des Kirchenrechts. 1510 schließt er die Lehr- und Wanderjahre ab. Sein Onkel, Bischof in Ermland, hat den Berufsweg vorgezeichnet und ihm eine Stelle mit sicherem Einkommen auf Lebenszeit verschafft: Kopernikus wird Domherr zu Frauenburg. Schon wenige Jahre später beginnt dort die Geschichte der »Revolution« mit einer zehnseitigen Handschrift, dem erst 1878 entdeckten ›Commentariolus‹. Kopernikus faßt darin seine Gedanken zusammen, ohne sie im Detail ausgearbeitet zu haben. Der ›Commentariolus‹ scheint nur in wenigen Kopien im Umlauf gewesen zu sein. Er enthält im wesentlichen sieben Feststellungen. Die Kernaussage: »Solem esse centrum mundi« (Die Sonne ist das Zentrum der Welt). Aber es sollten noch drei Jahrzehnte vergehen, bis im Mai 1543 das Hauptwerk unter dem Titel ›De Revolutionibus orbium coelestium libri VI‹ erscheint. In sechs Büchern entwirft der Domherr darin die Grundzüge des heliozentrischen Weltbildes.

In der Vorrede stellt er als erster europäischer Wissenschaftler die Autorität der antiken Naturphilosophen in Frage. Das erste Buch umfaßt zehn Kapitel. Darin beweist Kopernikus unter anderem, daß die Erde kugelförmig ist, sich täglich um ihre Achse dreht, diese Achse langsam im Raum rotiert (Präzession) und die Erde einmal im Jahr die Sonne umrundet. Die anderen Himmelskörper laufen ebenfalls auf gleichförmigen Kreisbahnen. Das zweite Buch enthält einen neuen Sternenkatalog, das dritte behandelt die oben genannte Präzession. Die Erscheinung – eine kreisförmige Bewegung der Erdachse – war bereits Hipparch bekannt. Sie wird oft mit dem Nicken eines Kinderkreisels verglichen. Ein vollständiger Umlauf dauert 25 850 Jahre. Ursache sind die Anziehungskräfte von Sonne und Mond, die auf den Äquatorwulst unseres Planeten wirken. Im vierten, fünften und sechsten Buch widmet sich der Autor den Bewegungen von Mond und Planeten.

Das alles klingt sehr aufregend und neu. Aber ›De Revolutionibus‹ ist ein seltsames Werk: Nikolaus Kopernikus zeigt sich darin über weite Strecken seiner Argumentation eben doch der aristotelischen und der ptolemäischen Tradition verhaftet. Er versucht, sein Modell mit sehr wenigen eigenen und sehr vielen antiken Beobachtungen zu untermauern, wobei er sich zu Unrecht auf deren Genauigkeit verläßt. So einfach, wie das kopernikanische Weltbild noch heute in Büchern oder auf Münzen abgebildet wird und wie es Kopernikus selbst im ersten Buch andeutet, ist es keineswegs. Denn auch der innovative Forscher muß erkennen, daß sieben einfache Kreisbahnen längst nicht alle Probleme lösen, selbst wenn die Sonne unbeweglich im Mittelpunkt der Welt steht. Was blieb anderes übrig, als wieder einmal die »Erscheinungen zu retten«? Kopernikus tut dies in altbewährter Weise und geradezu klassischer Manier: Er ersinnt hochkomplizierte mathematische Konstrukte mit Deferenten, Epizykeln und Exzentern. Das Ergebnis: 34 ineinandergeschachtelte Sphären. Das kopernikanische Weltbild ist weder einfacher noch genauer als das ptolemäische!

Im Zeitalter elektronischer Kommunikation verbreitet sich jede wissenschaftliche Entdeckung innerhalb von Stunden über den gesamten Globus. Als die Raumsonde ›Pathfinder‹ im Juli 1997 weich auf dem Planeten Mars landete, und das winzige Vehikel ›Sojourner‹ ferngesteuert von der Erde seine Kreise über den kargen Sandboden zog, waren via Fernsehen und Internet Hunderte Millionen Menschen live dabei. Finden Astronomen wieder einmal einen Planeten außerhalb des Sonnensystems, sind die Gazetten voll von Berichten. Natürlich war die Welt vor 450 Jahren nicht vernetzt, eine Mediengesellschaft gab es nicht einmal in Ansätzen. Nur die wenigsten konnten überhaupt lesen. Informationen über politische Auseinandersetzungen oder »wunderbare« oder »erschröckliche« Erscheinungen wie helle Kometen flossen spärlich über Einblattdrucke, die Vorläufer der Zeitungen. Das allein erklärt aber nicht, weshalb die Kopernikanische Revolution zunächst überhaupt nicht stattfand. Erst im Jahr 1616 setzt die Kirche ›De Revolutionibus‹ auf den Index verbotener Bücher. Und erst im Jahr 1633 erreicht die Revolution mit dem »Fall Galilei« ihren Höhepunkt.

Tatsächlich haben die Zeitgenossen des Kopernikus das heliozentrische Weltbild nicht weiter beachtet. Die meisten Astronomen waren weit davon entfernt, die Brisanz von ›De Revolutionibus‹ zu realisieren, sie lehnten die heliozentrische Lehre schlichtweg ab. Lediglich die im Werk enthaltenen Tabellen und Ephemeriden sahen sie als bequeme Rechenhilfen an. In diesem Punkt allerdings entwickelte sich das Buch bis gegen Ende des 16. Jahrhunderts immer mehr zum Standardwerk. Zu den wenigen, die rechtzeitig die ganze Tragweite verstanden, gehörten der Mathematiker Georg Joachim Rheticus und der Theologe Andreas Osiander. Rheticus hatte den Gelehrten bereits 1540 in seiner ›Narratio prima‹ von den großen Ideen des Mannes aus Frauenburg berichtet und die Drucklegung der ›Revolutionibus‹ veranlaßt. Osiander überwachte den Druck der vermutlich 500 Exemplare der ersten Auflage und schrieb ein unautorisiertes Vorwort, das einer Entschuldigung für die kühne »Hypothese« des Kopernikus gleichkam. Vielleicht ahnte Osiander die spätere Revolution, vielleicht wollte er die Kirche milde stimmen. Immerhin hatte Kopernikus sein Werk Papst Paul III. gewidmet. Erst im 17. Jahrhundert gingen Aristoteliker und Kopernikaner auf die Barrikaden. Maßgeblichen Anteil daran hatten vor allem zwei Männer: Johannes Kepler und Galileo Galilei.

Zeit seines Lebens suchte Kepler (1571 – 1630) nach der harmonischen Ordnung des Universums. Am 19. Juli 1595, so schrieb er, kam ihm die Erleuchtung. Er steckte die Planetenbahnen in fünf regelmäßige Polyeder, dreidimensionale Körper mit jeweils gleichen Flächen: Tetraeder, Würfel, Oktaeder, Isokaeder und Dodekaeder. Im Zentrum dieses geometrischen Gebildes, das er in seiner ersten größeren Abhandlung ›Mysterium Cosmographicum‹ vorstellte, thront die Sonne. Kepler war ein glühender Verehrer von Kopernikus, doch das »Weltgeheimnis« hatte er nicht gefunden. Noch nicht. Im Jahr 1600 wurde Kepler Assistent von Tycho Brahe, Kaiserlicher Mathematiker am Hof Rudolfs II. in Prag. Brahe (1546 – 1601) besaß einen hervorragenden Ruf als präziser Beobachter, der sogar die Mächtigen der Zeit beeindruckte. Bevor er an den Kaiserhof gerufen wurde, musterte er das Firmanent von seinem Observatorium Uranienburg aus. Die Sternwarte lag auf der Ostseeinsel Hven, die ihm der dänische König als Lehen überlassen hatte.

Im Jahr 1572 studierte Tycho Brahe die Supernova in der Konstellation Kassiopeia, fünf Jahre später verfolgte er die Bahn eines hellen Kometen. Beide Ereignisse brachten die Astronomie ein gutes Stück weiter – weg von Aristoteles. Denn die Sphäre der Fixsterne erwies sich keineswegs als so unveränderlich und vollkommen, wie der griechische Naturphilosoph behauptet hatte. Wie sonst konnte darin plötzlich ein neuer Stern hell aufleuchten und nach Monaten wieder verlöschen? Auch der Komet mußte ein eigenständiger Himmelskörper sein, der jenseits der Mondbahn durchs All zog und die kosmische Harmonie störte. Das jedenfalls ergaben unabhängig voneinander die Messungen von Brahe sowie von Christoph Rothmann und Landgraf Wilhelm IV., der an seinem Hof in Kassel eine exzellent ausgestattete Sternwarte betrieb. Aristoteles hatte stets geglaubt, Kometen seien nichts weiter als Ausdünstungen der irdischen Atmosphäre, folgerichtig wurden sie jahrhundertelang in Lehrbüchern über Meteorologie abgehandelt. Nun waren sie mit einem Mal Objekte für die Astronomie geworden. Diese Erkenntnisse beruhten nicht auf theoretischen Annahmen oder philosophischen Spekulationen über die Erscheinungen. Grundlage war die sorgfältige Beobachtung der Erscheinungen selbst. Daraus wurden gewisse theoretische Schlußfolgerungen gezogen, die sich wiederum in der Praxis bewähren mußten. Diese wissenschaftliche Methode verhalf der Kopernikanischen Revolution letztendlich zum Erfolg. Tycho Brahe jedoch blieb auf halbem Weg stecken. Sein Planetenmodell ist so etwas wie eine Synthese aus dem aristotelischen und dem kopernikanischen Weltbild. Der dänische Astronom setzt die Erde in den Mittelpunkt des Alls und läßt Mond und Sonne um sie kreisen. Die Sonne aber ist selbst Zentrum für die Bahnen von Merkur, Venus, Mars, Jupiter und Saturn, die auf Deferenten und Epizykeln laufen. Innerhalb von 24 Stunden schwingt die sehr weit entfernte Fixsternsphäre um die Erde.

Das »geoheliozentrische« System des Tycho Brahe muß seinen Assistenten und Nachfolger als Kaiserlicher Mathematiker in Prag wenig beeindruckt haben. Wohl aber erkannte Kepler, welchen Beobachtungsschatz Brahe angehäuft hatte. Der eigensinnige Däne hütete ihn zu Lebzeiten wie seinen Augapfel, erst nach Brahes Tod gelangte Kepler in den Besitz des Materials. Vor allem interessierte ihn der Lauf des Mars, dessen Bewegung in allen Modellen die meisten Schwierigkeiten bereitet hatte. Brahe hatte seinen Weg am Himmel mehr als zwei Jahrzehnte beobachtet. Der geniale Mathematiker Johannes Kepler zog aus dem komplizierten Verhalten den richtigen Schluß: Der Planet umläuft die Sonne nicht auf einem oder mehreren Kreisen, sondern auf einer Ellipse. Das

Tagesgestirn steht in einem der beiden Brennpunkte. So lautet das erste Keplersche Gesetz. Der Astronom übertrug es auf alle anderen Planeten. Jetzt endlich ließ sich eine mathematisch recht einfache Theorie mit der beobachteten Praxis in Einklang bringen. Eine einzige geometrische Kurve reichte vollständig aus, um die Bewegung der Wandelsterne zu erklären und vorherzusagen.

Geleitet von einer einzigartigen Synthese aus astrologisch-astronomischer Weltschau, geradezu manischem Harmoniestreben und mystisch orientierter Naturforschung ging Kepler daran, nach weiteren Gesetzmäßigkeiten zu suchen. Sein 1609 erschienenes Buch mit dem bezeichnenden Titel ›Astronomia nova‹ (Neue Astronomie) enthält bereits das zweite Gesetz: Die Verbindungslinie Sonne – Planet überstreicht in gleichen Zeiten gleiche Flächen. Demnach läuft ein Planet auf dem sonnennahen Stück seiner Bahn schneller als auf dem sonnenfernen. Es dauerte noch einmal zehn Jahre, bis Kepler sein drittes Gesetz fand. Er veröffentlichte es 1619 in dem Werk ›Harmonice mundi‹, seinem astronomischen Glaubensbekenntnis: Die Quadrate der Umlaufzeiten zweier Planeten verhalten sich wie die Kuben (dritten Potenzen) ihrer großen Bahnachsen. Auf diesem naturwissenschaftlich einwandfreien Fundament gründete Kepler im Jahr 1627 die ›Tabulae Rudolphinae‹. An Genauigkeit übertrafen sie alle jemals zuvor veröffentlichten Planetentafeln. Waren die drei Keplerschen Gesetze doch mehr als rein mathematische Krücken? Sollte das heliozentrische Weltbild, wie es Kepler beschrieb, am Ende gar Realität sein?

Galileo Galilei (1564 – 1642) hätte diese Fragen uneingeschränkt mit »Ja« beantwortet. Der Universalgelehrte kam in Pisa zur Welt, studierte an der Universität seiner Geburtsstadt und erhielt 1589 einen Ruf an den Lehrstuhl für Mathematik. Drei Jahre später wechselte er an die Universität zu Padua. Galilei konstruierte die verschiedensten Meßinstrumente, darunter eine hydrostatische Waage und ein Thermometer. Im Jahr 1609 erhielt er Kunde von einem ganz außerordentlichen Gerät. Am 2. Oktober 1608 hatte der Brillenmacher Jan Lippershey den niederländischen Ständen ein »Instrument, um weit zu sehen« gemeldet. Ob Lippershey tatsächlich der Erfinder des Fernrohrs war, darf bezweifelt werden. Bereits im September soll es ein Belgier auf der Frankfurter Herbstmesse ausgestellt haben. So liegt die Geburt des Instruments, das die Wissenschaft von den Sternen in unvergleichlicher Weise erhellt hat, im dunkeln. Tatsache ist, daß Galilei sogleich darangings, selbst ein Teleskop zu bauen.

Als einer der ersten Forscher richtete er es zum Himmel. Niemals zuvor war das menschliche Auge so weit in den Kosmos vorgedrungen. Was es dort sah, war dazu angetan, die aristotelische Lehre schwer zu erschüttern. 1800 Jahre lang hatte sich das Gedankengebäude gehalten. Jetzt geriet es zusehends ins Wanken.

Im März des Jahres 1610 erscheint in Venedig der ›Sidereus Nuncius‹ (Sternenbote): »Große Dinge lege ich in dieser kleinen Abhandlung den einzelnen Naturforschern zur Untersuchung und Betrachtung vor«, schreibt Galilei in der Einleitung. In der Tat sind es große Dinge, welche die kleinen Fernrohre des Italieners enthüllen. Mehrere Geräte mit jeweils vier Zentimetern Linsendurchmesser hat er mittlerweile gebaut. Ihre optische Qualität ist, verglichen mit modernen Ferngläsern, miserabel. Dennoch dringt Galilei zu schwachen, mit bloßem Auge unsichtbaren Sternen vor. Er löst das nebelige Band der Milchstraße in unzählige Lichtpünktchen auf, sieht die Landschaft des Mondes, »uneben, rauh und ganz mit Höhlungen und Schwellungen bedeckt (...) nicht anders als das Antlitz der Erde selbst«. Der Mond, eine zweite Erde! Sollte es im Universum mehrere Welten geben? War die von Gott geschaffene Heimstatt der Menschen, ja war der Mensch selbst womöglich gar nicht einmalig? Dies hatte schon der Dominikaner Giordano Bruno behauptet. Nicht zuletzt deswegen klagte ihn die Inquisition an, als Ketzer starb er im Jahr 1600 in Rom auf dem Scheiterhaufen.

Was Galileo Galilei am meisten erstaunt, sind »vier Wandelsterne«, die den Planeten Jupiter umkreisen. Er zieht daraus einen gewagten, aber im Ergebnis durchaus zutreffenden Analogieschluß: Das Jupitersystem wird für ihn zum Modellfall für das Sonnensystem, in dem die Planeten das Tagesgestirn umlaufen wie die vier Satelliten den Jupiter. Als Galilei vom Herbst 1610 bis zum Frühjahr 1611 die Venus ins Visier nimmt und erkennt, daß sie Lichtphasen aufweist wie der Mond, gibt es für ihn an der Richtigkeit des kopernikanischen Weltbilds keine Zweifel mehr, denn die Beobachtungen lassen sich weder mit dem geozentrischen noch mit dem tychonischen System erklären. Und dann sind da noch die Sonnenflecken, deren Entdeckung Galilei für sich reklamiert. Doch Galilei, der friesische Pfarrerssohn Johannes Fabricius, der englische Privatgelehrte Thomas Harriot und der Ingolstädter Jesuit Christoph Scheiner sehen sie unabhängig voneinander mehr oder weniger zur selben Zeit. Fabricius veröffentlicht seine Sichtung 1611, Scheiner 1612 und Galilei erst 1613. (Übrigens werden auch die Jupitermonde etwa zeitgleich von mehreren Forschern gefunden, neben Galilei sind es Harriot und Simon Marius aus Ansbach.) Die Sonnenflecken können zwar nicht als direkter Beweis für die Lehre des Kopernikus gelten, wohl aber rütteln sie an der durch die christliche Kirche vereinnahmten aristotelischen Anschauung, wonach die Sonne als zum Himmel gehörender Körper rein und unbefleckt sein sollte. Das alles ist zuviel für die Dogmatiker. Jetzt muß gehandelt werden.

Im Februar 1616 richten auf Befehl des Papstes in Rom elf Theologen über das heliozentrische Universum. Ihr Urteil fällt vernichtend aus: Die Lehre des Kopernikus ist töricht und widerspricht der Heiligen Schrift, ist also formell ketzerisch.

Kardinal Bellarmin ermahnt Galilei, sich künftig an den Beschluß zu halten. Der Wissenschaftler unterwirft sich dieser Weisung. Das Werk ›De Revolutionibus‹ wird auf den Index gesetzt, bis es entsprechend verbessert ist. Damit endet der erste Akt im »Fall Galilei«. Der zweite beginnt im Februar 1632, als der Druck des ›Dialogo dei Massimi Sistemi‹ abgeschlossen wird. Galilei läßt darin drei Männer über die unterschiedlichen »Weltsysteme« diskutieren. Tatsächlich verbirgt sich hinter dem Buch ein deutliches Plädoyer für den Kopernikanismus. Der inzwischen in Florenz lebende, an einer Augenkrankheit leidende Gelehrte wird aufgefordert, in Rom vor dem Generalkommissar der Inquisition zu erscheinen. Von Februar bis Juni 1633 muß er drei Verhöre über sich ergehen lassen. Der Schwur am 22. Juni eröffnet den letzten Akt. Unter Androhung der Folter widerruft Galileo Galilei die Lehre des Kopernikus. Es ist der berühmteste Meineid der Geschichte. Selbstverständlich hat Galilei zu keiner Zeit ernsthaft geglaubt, daß die Erde unbeweglich im Mittelpunkt der göttlichen Schöpfung steht. Auch nach dem Ende des Prozesses glaubt er nicht daran – wenngleich die Worte »Eppur si muove« (Und sie bewegt sich doch) wahrscheinlich niemals über seine Lippen gekommen sind. Galilei entrinnt knapp dem Ketzertod, doch er ist ein gebrochener Mann. Als Gefangener der Inquisition darf er seine Villa im toskanischen Arcetri nur selten verlassen. Völlig erblindet stirbt er dort fast 78jährig am 8. Januar 1642. Da läßt sich der Sieg der Kopernikanischen Revolution längst nicht mehr aufhalten. Immerhin ringt sich die katholische Kirche doch noch dazu durch, Galileo Galilei zu rehabilitieren – im Jahr 1992!

In den Jahrzehnten nach Galileis Tod enthüllten verbesserte Fernrohre laufend neue Wunder wie Planetenmonde oder die Saturnringe. Vor allem in England erkannte man den ungeheuren Nutzen astronomischer Beobachtungen für die Seefahrt. In Greenwich, Paris und Kopenhagen entstanden große Observatorien. Die Sternkunde entwickelte sich zu einer eigenständigen, von Philosophie, Theologie und Astrologie immer stärker losgelösten Naturwissenschaft. Die Forscher verwandelten den Himmel in ein Labor. Ein Beleg dafür mag die Bestimmung der Lichtgeschwindigkeit durch Ole Römer (1644 – 1710) sein. Der Forscher hatte die Verfinsterungen der Jupitermonde beobachtet und erkannt, daß sie immer dann später eintreten, wenn der Planet von der Erde weiter entfernt steht. Als Ursache schloß er folgerichtig, daß sich das Licht mit einem endlichen Tempo ausbreitet. Ist Jupiter weiter weg, muß das Licht eine entsprechend größere Strecke zurücklegen, bevor es auf der Erde ankommt. Wir sehen die Verfinsterungen daher verzögert. Römer erhielt einen geradezu unglaublich hohen Wert von 230 000 Kilometern in der Sekunde. Das ist für seine meßtechnischen Möglichkeiten erstaunlich genau (heutiger Wert: 299 792,458 Kilometer in der Sekunde).

Gegen Ende des 17. Jahrhunderts war das heliozentrische Weltgebäude im wesentlichen vollendet. Von Nikolaus Kopernikus stammte der Entwurf, Johannes Kepler und Galileo Galilei errichteten den Rohbau. Was fehlte, waren die Feinarbeiten. Die besorgte Isaac Newton. Er wurde am 4. Januar 1643 in der englischen Grafschaft Lincolnshire geboren – hundert Jahre nach Kopernikus' und ein Jahr nach Galileis Tod. Als 18jähriger trat er in das Trinity College in Cambridge ein, neun Jahre später hatte er dort den Lehrstuhl für Astronomie inne. Newton war offensichtlich kein begnadeter Dozent, jedenfalls hatte er nur wenige Studenten und daher viel Zeit für physikalische Experimente. So untersuchte er das durch Prismen gebrochene Sonnenlicht und konstruierte einen neuen Fernrohrtyp; dieser zeigt keinen Farbfehler, weil das Licht nicht durch eine Linse fällt, sondern von einem Spiegel reflektiert wird. Der »Newton« gehört noch heute zu den überaus beliebten Amateurteleskopen.

Daneben beschäftigte sich Isaac Newton mit der Bewegung der Himmelskörper. Ob ihm der entscheidende Geistesblitz kam, als er 1666 wieder in Lincolnshire weilte – die Universität war wegen der Pest geschlossen worden – und dort in einem Garten das Herabfallen eines Apfels beobachtete, sei dahingestellt. Jedenfalls fragte sich der Wissenschaftler, welche Kraft einen Apfel zu Boden fallen läßt. Es mußte dieselbe sein, die den Mond auf seiner Bahn um die Erde hält und die Erde auf ihrem Pfad um die Sonne. Bereits Galilei hatte festgestellt, daß jeder Körper, einmal angestoßen, seine Bewegung in gerader Linie und mit gleichbleibender Geschwindigkeit fortsetzt, solange er nicht durch eine andere Kraft gestört wird. Newton nannte diese Kraft jetzt »Anziehungskraft«. Sie wirkt zwischen allen Körpern, zwischen Apfel und Erde ebenso wie zwischen Mond und Erde oder Erde und Sonne. Das Zusammenspiel von »Trägheit« und »Anziehungskraft« erklärt die Bewegungen im Planetensystem. In seinem berühmten Gravitationsgesetz formulierte Newton: Zwei Körper ziehen sich mit einer Kraft an, die ihren Massen proportional, dem Quadrat ihrer Entfernungen voneinander aber umgekehrt proportional ist. Ein Körper wirkt demnach um so »anziehender«, je mehr Masse er besitzt. Aus diesem Grund fällt ein Apfel zur Erde – und nicht umgekehrt, obwohl auch der Apfel die Erde ein klein wenig anzieht. Außerdem nimmt die Kraft zwischen beiden Körpern mit dem Quadrat ihrer Entfernungen ab, sinkt also bei doppelter Distanz auf ein Viertel, bei dreifacher Distanz auf ein Neuntel und so weiter. Im Jahr 1687 erschien in London Newtons etwa 500 Seiten starkes Hauptwerk mit dem Titel ›Philosophiae naturalis principia mathematica‹ (Mathematische Grundlagen der Naturphilosophie).

Zum ersten Mal in der Geschichte der Astronomie liefert es die Erklärung dafür, warum sich Planeten, Monde und Kometen in der beobachteten Weise bewegen. Newton leitet die

Keplerschen Gesetze physikalisch ab und präsentiert eine Theorie der Gezeiten. Die ›Principia‹ schaffen die Grundlagen für die Himmelsmechanik, nach deren Prinzipien die Apollo-Astronauten auf dem Mond gelandet sind oder die Internationale Raumstation die Erde umkreist.

Der englische Astronom Edmond Halley hatte seinen zögerlichen Kollegen zur Veröffentlichung gedrängt und den Druck des Buchs besorgt. Halley bezeichnete es als ein Werk, das »die Welt verändern wird«. Damit hatte er Recht. Mit den ›Principia‹ verpaßte Isaac Newton dem heliozentrischen Weltbild den letzten Schliff. Der Mensch war aus dem Nabel des Kosmos verdrängt worden. Aber er hatte die Gesetze erkannt, die den Lauf der Gestirne bestimmen. Und sein Horizont hatte sich erweitet. Jetzt war der menschliche Geist offen für weitere Revolutionen und Entdeckungen im faszinierenden Reich der Sterne.

Planetenjagd

Das matte Licht des Mondes beleuchtet zwei Gestalten, die durch den abendlichen Park wandeln. Beide sind anscheinend in ein wichtiges Gespräch vertieft: »... von dem ganzen himmlischen Hofstaat, von dem sich diese kleine Erde einst begleiten ließ, ist ihr nur noch der Mond geblieben, der sich um sie dreht«, sagt der Herr gerade. Die Dame, eine veritable Marquise, nickt. Ihr Gesprächspartner weiß aber noch Interessanteres zu berichten. Er erzählt von den Bewohnern der Venus, die wegen der größeren Nähe zur Sonne gebräunt seien, außerdem musikalisch, leidenschaftlich, hitzig und stets verliebt. Auf dem Mars gebe es Vögel, die in der Nacht leuchten. Und die Astronomen auf dem Jupiter hätten mit ihren Fernrohren erst kürzlich die Erde entdeckt. Deswegen seien sie von ihren Mitbürgern ausgelacht worden, hätten doch die Philosophen bewiesen, daß es einen Himmelskörper wie die Erde gar nicht geben könne. Welch ein Irrtum! Nicht einmal unser Sonnensystem sei einmalig. Das Universum sei mit unzähligen fernen Sternen erfüllt, um die Planeten kreisten.

Der Spaziergang hat vermutlich niemals stattgefunden. Aber die Beschreibung der gelehrten Unterhaltungen im Park wurde zu einem Bestseller des späten 17. Jahrhunderts. ›Entretiens sur la Pluralité des Mondes‹ (Gespräche über die Vielzahl der Welten) hat Bernard Le Bovier de Fontenelle sein populärwissenschaftliches Büchlein genannt. Darin läßt er die Gedanken eines Giordano Bruno aufleben. Dessen Schicksal mußte er glücklicherweise nicht teilen. Vielmehr wurde er durch das 1686 erschienene Werk sehr bekannt. Hoch geehrt durfte er bald als Gast am Hof des französischen Königs leben.

Sind wir allein im Universum? Diese Frage beschäftigt Forscher und Laien seit Jahrhunderten. Haben Sie, liebe Leserin, lieber Leser, nicht auch schon einmal darüber nachgedacht, ob »da draußen« noch jemand ist? Es müssen ja nicht gleich Außerirdische sein, die in fliegenden Untertassen zuhauf über den Himmel gondeln! Dafür nämlich fehlen trotz geschickter Kampagnen und unzähliger einschlägiger Veröffentlichungen von geschäftstüchtigen Ufo-Jüngern jegliche Beweise! Sind wir allein im Universum? Die Antwort muß jeder für sich entscheiden, sie ist eine Sache des persönlichen Glaubens. Daran hat auch der 6. Oktober 1995 nichts geändert. Aber an jenem Freitag wurden die Visionen von Giordano Bruno und Bernard Le Bovier de Fontenelle wenigstens ein klein wenig Realität.

An die 300 Astronomen aus aller Welt kamen im Herbst 1995 zu einer Tagung nach Florenz. Unter ihnen war auch der Genfer Sternenforscher Michel Mayor. Im Gepäck hatte er brisantes Material, das er am 6. Oktober der Presse vorstellte: Indizienbeweise für einen Planeten, der den fünfzig Lichtjahre entfernten Stern 51 Pegasi umkreist. Das Objekt besitzt die halbe Jupitermasse und umrundet seine Muttersonne rasend schnell in nur siebeneinhalb Millionen Kilometern Abstand. Das heißt: Ein Jahr dauert für den fernen Planeten gut vier irdische Tage! Das sind ungewöhnliche Bahnverhältnisse. Niemand hat den Planeten direkt gesichtet. Manche Forscher glauben, daß er gar nicht real sei. Dennoch: »Ich halte Planeten für nichts Außergewöhnliches und bin absolut sicher, daß wir in den nächsten Jahren viele weitere entdecken werden«, erklärte mir Michel Mayor nach seinem spektakulären Fund in einem Interview. Mittlerweile (Sommer 1999) sind den »Planetenjägern« an die zwanzig in die Falle gegangen. Wer sich mit fremden Planeten beschäftigt, lernt viel über die Sterne und darüber, wie sie geboren werden. Was aber unterscheidet die beiden Klassen von Himmelskörpern?

Sterne gleichen gigantischen Gaskugeln, die ihre Energie aus der Kernfusion tief in ihrem Inneren beziehen. Mit unserer Sonne haben wir einen »Musterstern« quasi direkt vor der Haustür. Alle Lichtpünktchen, die wir in einer klaren Nacht am Firmament blinken sehen, sind solche Sonnen. Eine Ausnahme bilden natürlich die Planeten unseres eigenen Systems, die in ruhigerem Licht schimmern und mehr oder weniger langsam über den Himmel wandern. Planeten sind viel kleiner als Sterne und sie produzieren keine Energie. Während die Sterne selbst Licht aussenden, reflektieren die Planeten das Licht der Sonnen, um die sie kreisen. Sie leuchten daher wesentlich schwächer – könnten wir unser Sonnensystem aus zehn Lichtjahren Abstand betrachten, würden wir nur die Sonne erkennen. Die Erde und ihre Geschwister blieben selbst in einem großen Teleskop unsichtbar. Trotzdem gelingt es den Experten seit Mitte der neunziger Jahre, andere Planeten nachzuweisen. Wie sie das machen, werden wir noch sehen. Zunächst wollen wir einen Blick in kosmische Kreißsäle werfen.

Fast jeder Laie kennt das Wintersternbild Orion. Die drei etwa gleich hellen Gürtelsterne, der auffallend orange leuchtende Beteigeuze an der Schulter und der leicht bläulich schimmernde Rigel am Fuß markieren die Gestalt des mächtigen Jägers aus der griechischen Mythologie. Schräg unterhalb des Gürtels erkennen aufmerksame Beobachter mit scharfen Augen ein verwaschenes Fleckchen. Ein gutes Amateurfernrohr enthüllt die filigrane Gestalt dieses Orionnebels. Er muß den Astronomen schon vor Jahrtausenden aufgefallen sein. Heute wissen wir, daß er etwa 1500 Lichtjahre von uns entfernt ist. Ein Lichtjahr entspricht einer Strecke von 9,46 Billionen Kilometer. Der Orionnebel ist also rund 14 Billiarden Kilometer von der Erde entfernt. Trotz dieser astronomisch großen Distanz sehen lichtstarke Teleskope eine Fülle von Details: dichte, leuchtende Gasschwaden, dunkle Staubwolken und junge Sonnen. Das sind die Steinchen, die Forscher zu einem Mosaik der Sternengeburt zusammenfügen.

Bereits Immanuel Kant (1724 – 1804) glaubte, daß sich Sterne aus »nebelhafter Materie« formen. Wie beschreiben Wissenschaftler heute das Geburtsszenario eines Gasballs? Zunächst treibt im Weltall eine Wolke aus Staub und Gas – hauptsächlich Wasserstoff und Helium, vermischt mit einigen schwereren Elementen wie Kohlenstoff und Silizium. Der Urnebel muß kälter sein als –170 Grad Celsius. Bei höheren Temperaturen schießen die Moleküle so schnell hin und her, daß die Schwerkraft sie nicht zähmen kann. Das ist aber notwendig, denn die erste Phase der Geburt beginnt erst dann, wenn die Wolke in sich zusammenstürzt. (Das tut sie außerdem nur, wenn sie genügend Masse besitzt.) Bei diesem Kollaps zerbricht die Wolke in mehrere Fragmente. Sie rotieren ebenfalls und verdichten sich immer weiter. Nun betrachten wir ein einzelnes dieser Bruchstücke. Computersimulationen zeigen, daß es sich dreht und dabei zu einer flachen Scheibe abplattet. In deren Zentrum steigen Druck und Temperatur allmählich an. Nach etwa 100 000 Jahren hat sich dort ein kugelförmiges Gebilde herausgeschält. Die Astronomen nennen es Protostern. Ein solcher Protostern wächst keineswegs zu beliebiger Größe heran und verbraucht auch längst nicht den gesamten Kokon, aus dem er sich entpuppt. Das ist auf den ersten Blick erstaunlich. Mit größerer Masse sollte ja auch die Anziehungskraft zunehmen. Der schwerere Stern müßte noch mehr Materie »ansaugen«. Durch diesen Prozeß sollte die Masse wiederum ansteigen, die Anziehungskraft sich dadurch erneut verstärken – und immer so weiter. Aber irgend etwas muß das Wachstum bremsen. Das Zauberwort heißt »Drehimpuls«. Im Prinzip passiert der schrumpfenden Urwolke dasselbe wie einer Schlittschuhläuferin, die während einer Pirouette die Arme eng an den Körper anlegt: Sie rotiert schneller. Die dabei auftretende Fliehkraft erschwert jede weitere Annäherung der Materie an die Drehachse und damit an den Stern. Auf diese Weise bildet sich die oben beschriebene Scheibe. In ihr steckt ein Teil des Drehimpulses. Und der Rest?

Mitte der achtziger Jahre untersuchten Astronomen den Nebel S 106. Er ähnelt einem Schmetterling, der durch das All flattert, helle Gasnebel formen die Flügel, der Rumpf dazwischen besteht aus einer dunklen Wolke. In der Dunkelwolke steht ein Sternbaby, das Erstaunliches macht: Mit einer Geschwindigkeit von 250 000 Kilometern pro Stunde schleudert es Gas über die beiden Pole nach außen, senkrecht zur Staubscheibe. Dabei verliert der Stern nicht nur Substanz, sondern wird auch Drehimpuls los. S 106 ist bei weitem kein Einzelfall. Das Weltraumteleskop ›Hubble‹ hat in den vergangenen Jahren faszinierende Aufnahmen von solchen stellaren Jets geliefert. Manche sind dünn und lang, andere sehen eher aus wie eine Sanduhr. Dort, wo die Jets mit hohem Tempo in das benachbarte interstellare Medium hineindonnern, bilden sich regelrecht Schockfronten. Welcher Prozeß die kosmischen »Kondensstreifen« verursacht, ist nicht genau bekannt. Eine wichtige Rolle scheinen aber die Rotation des Protosterns sowie sein Magnetfeld zu spielen. Bekommt der Stern zuviel Material ab, bläst er es gleichsam postwendend durch magnetische Kamine über seine Pole in den Weltraum.

In der Astronomie sind Theorie und Praxis eng miteinander verflochten: Einerseits sollen Beobachtungen theoretische Voraussagen bestätigen, anderseits müssen Modelle so geformt werden, daß sie mit den Beobachtungen übereinstimmen. Trotz vieler Mängel im Detail scheint dies bei der Sterngeburt ganz gut gelungen zu sein. Die Astronomen haben im »Buch der Natur« gelesen. Mit dem europäischen Infrarot-Satelliten ›ISO‹ untersuchten sie zum Beispiel den Trifidnebel. Wie sein Pendant im Orion gilt er als Wiege der Sonnen. Die Infrarotaugen des Satelliten sahen Objekte, die sehr kalt sind und langwelliges Licht aussenden. Sie durchdrangen die dunklen Staubwolken und erblickten Sternembryos, die in –260 Grad Celsius kalte Regionen eingebettet sind. In der Konstellation Schlangenträger spürte ›ISO‹ den prästellaren Kern L1689B auf. Die Forscher glauben, daß er bald zu einem Protostern kollabieren wird.

Im Herbst 1995 gelang dem ›Hubble‹-Teleskop eine ganz wichtige Entdeckung. Und damit kehren wir zum Orionnebel zurück. Auf einem Photomosaik aus 45 Einzelbildern des Nebels enthüllte das im Weltraum stationierte Fernrohr noch sechseinhalb Milliarden Kilometer große Strukturen; das entspricht ungefähr dem halben Durchmesser unseres Sonnensystems. Das Panorama zeigt nicht nur Gasschwaden und etwa 500 Sterne. Vor dem hellen Hintergrund heben sich mehrere dunkle Scheiben ab. Auf manche blicken wir direkt von oben. Andere sehen wir von der Seite, daher gleichen sie überdimensionalen Zigarren. Bereits 1992 hatte ›Hubble‹ Anzeichen für derartige Objekte geliefert. Jetzt waren die Fachleute sicher, daß diese stellaren »Frisbees« nichts anderes sein können als die oben beschriebenen Scheiben um frischgeborene Sterne. Kugeln sind ausgeschlossen. Sie würden das Licht der jungen Sonnen in allen Richtungen vollständig ver-

Spektralanalyse

Schon Isaac Newton bemerkte, daß weißes Licht eine Mixtur aus mehreren Farben ist. Er ließ dazu Sonnenstrahlen in ein abgedunkeltes Zimmer und durch ein Glasprisma fallen. Damit erhielt er ein Spektrum, weil Glas Licht unterschiedlicher Wellenlänge (und damit unterschiedlicher Farbe) verschieden stark bricht. Nach diesem physikalischen Prinzip funktioniert ein Regenbogen, wobei die einzelnen Regentropfen wie winzige Prismen wirken. Erst im 19. Jahrhundert verstanden es die Wissenschaftler, die verschlüsselten Botschaften im Licht zu entziffern.

Der Durchbruch gelang 1861 Robert Kirchhoff und Robert Wilhelm Bunsen. Die beiden Forscher kamen zu dem Schluß, daß jedes chemische Element im Spektrum gleichsam seine Fingerabdrücke hinterläßt. Wie ist das möglich? Die Atome verschlucken gerade die *Fremdstrahlung*, die sie selbst abgeben. Wasserstoffgas beispielsweise leuchtet rot. Im Sonnenspektrum dagegen zeigt sich bei jener Wellenlänge, bei der Wasserstoff strahlen sollte, eine dunkle Linie. Das einfache chemische Element hat also Licht herausgefiltert. Die Experten sprechen von einem Absorptionsspek-

schlucken. Bei den beobachteten Gebilden sind die zentralen Sterne jedoch sichtbar.

Die Scheiben enthalten große Mengen von Staubteilchen, die im Infraroten und im Submillimeterbereich leuchten. Mit Hilfe der Spektralanalyse haben die Astronomen außerdem herausgefunden, daß solche Scheiben durchschnittlich ein Dreißigstel der Masse unserer Sonne besitzen. Im Mittel reichen sie bis zu 15 Milliarden Kilometer weit in den Raum hinaus. An den Ausläufern liegt die Temperatur bei –260 Grad trum, wie es für Sonne und Sterne typisch ist. Deren Licht stammt aus tieferen Schichten und würde eigentlich ein kontinuierliches, bei allen Farben gleichmäßig helles Spektrum erzeugen – so, wie wir es im Regenbogen sehen. Aber bevor die Lichtteilchen ins freie Weltall hinausrasen, müssen sie erst die atmosphärischen Gashüllen durchkreuzen. Die darin enthaltenen Elemente prägen das Spektrum, verschlucken sie doch die Strahlung aller möglichen Wellenlängen. So kennen die Astronomen im *Regenbogen* der Sonne nicht weniger als 26 000 dunkle Linien von fast allen chemischen Elementen.

Mittels der Spektralanalyse schließen die Fachleute nicht nur auf den Stoff, aus dem die Sterne oder die Galaxien sind. Die Form der Linien verrät auch etwas über Druck, Temperatur oder Magnetfeld der Gestirne. Bewegungen auf die Erde zu oder von ihr weg lassen sich ebenfalls beobachten, da der Doppler-Effekt die Linien in den blauen oder in den roten Bereich verschiebt. Die Spektralanalyse beschränkt sich nicht auf das sichtbare Licht, auch die Fingerabdrücke im langwelligen Infrarot- und Radiobereich oder im kurzwelligen Röntgen- und Gammalicht geben wertvollen Aufschluß über das Universum.

Celsius, in Richtung Zentrum nimmt sie um einige hundert Grad zu. Untersuchungen der ausgedehnten Sternwiegen in den Bildern Stier und Fuhrmann haben ergeben, daß nahezu die Hälfte aller jungen, sonnenähnlichen Sterne über solche Scheiben verfügen. Astronomisch gesehen sind das recht kurzlebige Gebilde. Sie existieren anscheinend nur einige Millionen Jahre. Was passiert dann mit ihnen? Die Astronomen haben eine aufregende Antwort parat: Sie dienen Planeten als Baumaterial.

Für diese Annahme gibt es einen gewichtigen Grund: unser eigenes Sonnensystem! Vor 4,6 Milliarden Jahren soll es den Theorien zufolge ziemlich genauso ausgesehen haben wie eine der Scheiben im Orionnebel. Ein Blick dorthin bedeutet also auch eine Reise zu den Ursprüngen der Erde. In der Nachbarschaft der jungen Sonne ging es turbulent zu. Unterschiedliche Temperaturen, Materiedichten und Rotationsgeschwindigkeiten führten in der Scheibe zu Wirbeln und Strömungen. Der Staub beeinflußte diese komplizierten Prozesse – und er fungierte als Geburtshelfer, klumpte sich zu größeren Teilchen zusammen. Während der heftigen »Wehen« kam es zu ständigen Rempeleien der Staubkerne. Viele zerbröselten wieder, manche verbanden sich mit anderen und begannen allmählich zu wachsen. Mit der Zeit entstanden innerhalb der Mittelebene des Diskus immer größere Körper. Daraus entwickelten sich die Vorläufer der Planeten.

Die sonnennahen Protoplaneten – Merkur, Venus, Erde und Mars – sammelten nicht genügend Masse und besaßen damit zu wenig Anziehungskraft, um dichte Atmosphären festzuhalten. Die sonnenfernen Protoplaneten – Jupiter, Saturn, Uranus und Neptun – erreichten die magische Grenze von etwa zehn Erdmassen; ihre steinigen Kerne zogen gewaltige Gashüllen an. (Pluto fehlt in dieser Aufzählung, weil er in vielerlei Hinsicht außergewöhnlich ist. Mehr davon im nächsten Abschnitt.) Einiges Material aus der Scheibe wurde nicht verbaut, wir beobachten es heute als Planetoiden (Asteroiden) und Meteoroiden. Die Kometenkerne zeugen als Fossilien ebenfalls von der Urzeit des Sonnensystems. Als Indizien für die Geburt in einer flachen Scheibe gelten die Bahnen der Planeten, die alle nahezu in derselben Ebene liegen, sowie die identischen Umlaufrichtungen um die Sonne, die ihrerseits im selben Sinn um ihre Achse rotiert.

1983 fand der Infrarotsatellit ›IRAS‹ eine Staubscheibe um Beta Pictoris am Südhimmel. Astronomen schätzen das Alter des Sterns auf mindestens hundert Millionen Jahre. Eigentlich müßten sich darin schon Planeten gebildet haben. Im Januar 1996 wertete ein Forscher ›Hubble‹-Fotos von Beta Pictoris aus. Dabei stieß er auf Störungen innerhalb der Scheibe. Sie zeigt eine Art Verwerfung – als ob irgend etwas in der Scheibe herumwirbelt und dabei den Staub herausfegt. Einige Experten glauben, daß dieses »Etwas« ein Planet von der Größe des Jupiter ist. Vielleicht kreisen um die fünfzig Lichtjahre entfernte Sonne im Sternbild Maler (lat. *pictor*) noch weitere kleinere Planeten. In jedem Fall würde dies sehr gut zu unseren Vorstellungen über kosmische Brutstätten passen.

Wenn fremde Planeten nichts Außergewöhnliches sind, warum wurden sie erst in den vergangenen Jahren entdeckt? Die Antwort ist einfach: Erst seit kurzem stehen den Wissenschaftlern entsprechend sensible Meßgeräte zur Verfügung. Ich hatte schon erwähnt, daß sich Planeten wegen ihrer geringen Helligkeit der direkten Beobachtung entziehen. Darüber hinaus werden sie von ihrem Mutterstern überstrahlt. Einen 15 Lichtjahre entfernten Jupiter direkt aufzuspüren ist ebenso schwierig, wie ein achtzig Kilometer entferntes Staubkörnchen zu sehen, das in acht Zentimetern Abstand um eine Hundert-Watt-Glühbirne kreist. Wegen des hohen Kontrasts schaffen das selbst moderne Teleskope nicht, dabei würden sie sogar ein Glühwürmchen in Tausenden Kilometern Entfernung erkennen.

Die Methode, mit der Michel Mayor und sein Assistent Didier Queloz ihren Planeten entdeckten, hängt mit der Gravitation zusammen. Laut Isaac Newton ziehen sich zwei Körper mit einer gewissen Kraft an. Weil ein Stern sehr viel gewichtiger ist als ein Planet, zwingt er ihn auf eine bestimmte Umlaufbahn. Der Stern steht zwar im Zentrum, aber ganz unbeweglich bleibt er dabei nicht. Vielmehr kreisen er und der Planet um einen gemeinsamen Schwerpunkt. Der »Ausfallschritt« des Sterns ist winzig und verläuft mit geradezu gemächlichem Tempo. Nehmen wir an, unsere Sonne hätte nur den Jupiter; er ist der massereichste Planet im Sonnensystem. Der gemeinsame Schwerpunkt, den die beiden Himmelskörper in elfjährigem Rhythmus (das entspricht Jupiters Umlaufzeit) umtanzen, liegt außerhalb der Sonnenoberfläche. Weil Jupiter an ihr zerrt, bewegt sich die Sonne mit einer Geschwindigkeit von rund 43 Kilometern pro Stunde. Könnten Astronomen auf einer ein paar Lichtjahre entfernten Welt diese Geschwindigkeit messen, wüßten sie, daß die Sonne einen Planeten besitzt. Wie aber soll diese »Radarfalle« über unvorstellbar weite Strecken funktionieren?

Die Natur kommt den Astronomen zu Hilfe. Im Jahr 1842 beschrieb der österreichische Physiker Christian Doppler ein bemerkenswertes Prinzip. Wenn sich eine Lichtquelle auf einen ruhenden Beobachter zubewegt, kommen die Wellentäler und -berge gestaucht an; entfernt sich die Lichtquelle, sind die Wellentäler und -berge gedehnt. Dies hat wichtige Konsequenzen. Weißes Licht ist ein Gemisch aus allen möglichen Farben, wobei jede Farbe einer bestimmten Wellenlänge entspricht, einem bestimmten Abstand also zwischen Bergen und Tälern. Eine Stauchung führt zu kürzeren Wellenlängen und damit zu blauer Farbe. Eine Dehnung führt zu längeren Wellenlängen und macht sich als Rotverschiebung bemerkbar. Dieser Doppler-Effekt klappt auch beim Schall. Wir können ihn beispielsweise an einem Autobahnrastplatz erleben. Das Motorengeräusch eines mit hoher Geschwindigkeit heranrasenden Fahrzeugs wird allmählich höher. In dem Moment, da uns der Wagen passiert, nimmt die Tonhöhe ab. Dieses charakteristische »Jaulen« begleitet auch die Fernsehübertragung eines Formel-1-Rennens.

Die Planetenjäger haben in den vergangenen Jahren sehr empfindliche »Radarfallen« entwickelt. Michel Mayor und Didier Queloz entdeckten ihren Planeten mit dem Spektrographen ›ELODIE‹. Mit diesem Instrument konnten die beiden Forscher gleichzeitig 5000 Absorptionslinien nach dem Doppler-Effekt untersuchen. Um die winzigen Blau- oder Rotverschiebungen der Linien aufzuspüren und daraus die zugehörigen Radialgeschwindigkeiten eines Sterns abzuleiten, verglichen sie dessen Spektrum mit einem genormten Referenzspektrum. Dazu ist ›ELODIE‹ mit zwei Glasfasersystemen ausgestattet. Eines ist stets auf den Stern gerichtet, das andere auf eine Thoriumlampe. Die Glasfasertechnik erlaubt eine äußerst gleichmäßige Beleuchtung der Optik und damit die gleichzeitige Eichung der Spektren. Das Geheimnis des Spektrographen steckt in seiner ungewöhnlichen mechanischen Stabilität; er bleibt stets in Form und reagiert auch nicht auf Temperaturschwankungen. ›ELODIE‹ war am 1,9-Meter-Teleskop des südfranzösischen Observatoriums Haute Provence montiert, als Mayor und Queloz 51 Pegasi mit Tempo 180 stoppten. Die Astronomen können heute Sterne vermessen, die sich mit der Geschwindigkeit eines Fußgängers bewegen.

Als die Schweizer im April 1994 damit begannen, 142 sonnenähnliche Sterne unter die Lupe zu nehmen, hatten ihre Konkurrenten schon Hunderte von Beobachtungen im Kasten, respektive auf den Festplatten ihrer Computer. Bereits seit Beginn der achtziger Jahre lagen überall auf der Erde Wissenschaftler auf der Lauer. Allerdings hatten die anderen Forscherteams den Kreis der Kandidaten jeweils klein gehalten, kaum mehr als dreißig Sterne standen auf den Listen. Nur Geoff Marcy und Paul Butler aus Kalifornien wollten etwa viermal so viele studieren. Das mit bloßem Auge gerade noch sichtbare Lichtpünktchen in der Konstellation Pegasus war nicht darunter. Marcy und Butler benutzten den falschen Katalog – 51 Pegasi wurde darin als sonnenunähnlicher Riesenstern beschrieben! Damit nicht genug. Die Amerikaner hatten doppeltes Pech und, ohne es zu wissen, sogar vor den Schweizern fette Beute gemacht. In der Nacht auf den 19. Februar 1995 richteten sie das Drei-Meter-Teleskop der Lick-

Sternwarte südlich von San Francisco wieder einmal auf den Stern 70 Virginis im Bild Jungfrau. Die gewonnenen Daten wanderten jedoch unbesehen auf Magnetband. Erst im Herbst 1995, das Rennen war gerade zu Gunsten von Mayor und Queloz gelaufen, stöberten sie in ihrem elektronischen Archiv. Dabei stießen sie nicht nur auf 70 Virginis, sondern auch auf das charakteristische »Tänzeln« des Sterns 47 Ursae Majoris im Großen Bären. Am 17. Januar 1996 gaben sie auf einer Konferenz in Texas die Entdeckung von zwei extrasolaren Planeten bekannt. Doch in die Euphorie der Planetenjäger mischte sich Skepsis. Der Begleiter von 70 Virginis schien auf einer stark elliptischen Bahn zu laufen und hatte mit sieben Jupitermassen erhebliches Übergewicht. Konnte dieses Schwergewicht überhaupt ein ordentlicher Planet sein?

Das Planetenjagen ist ein hartes und mühseliges Geschäft. Es reicht nicht, einfach nur die Radialgeschwindigkeit eines Sterns zu bestimmen und die Werte in Abhängigkeit von der Zeit in ein Diagramm einzutragen. Das beobachtete »Tänzeln« liefert lediglich das Produkt aus der Masse des Begleiters und seiner Bahnneigung. Um die Masse zu errechnen, müssen die Forscher den Winkel kennen, unter dem sie das vermeintliche Planetensystem sehen. Je steiler sie darauf blicken, desto geringer sind die Schwankungen der Radialgeschwindigkeit. In diesem Fall würden die Experten dem Planeten eine geringere Masse zuschreiben als in Wirklichkeit. Es bedarf überaus diffiziler Messungen, um die so entscheidende Bahnneigung herauszufinden.

Bald nachdem der Himmel plötzlich voller Planeten zu hängen schien, traten Kritiker auf den Plan. Vor allem die US-Astronomen David Gray und Artie Hatzes behaupteten, die registrierten Geschwindigkeiten hätten nichts mit einer Bewegung der Sterne zu tun. Vielmehr würden sie pulsieren, würden sich also ihre äußeren Gasschichten rhythmisch aufblähen und zusammenziehen wie die Bauchdecke eines Menschen, der tief ein- und ausatmet. Darüber hinaus mochten viele Fachleute einfach nicht glauben, daß sich manche der angeblichen »Jupiter« derart nahe bei ihren Muttersternen bilden und sie in nur wenigen Millionen Kilometern Abstand mit extrem hoher Geschwindigkeit umlaufen sollen. Die Planetenjäger konterten. Sie lieferten für 51 Pegasi Anfang 1998 Spektralanalysen, die eine rhythmische Pulsation des Sterns ausschließen. Selbst Gray und Hatzes zweifelten nun nicht mehr an einem Planeten.

Sollten auch die anderen bisher entdeckten Begleiter wirklich existieren? Sollten sie tatsächlich Massen zwischen 0,47 (51 Pegasi) und zehn (HD 114762) Jupitermassen besitzen? Sollten manche ihre Sonnen in irrwitzig geringer Distanz umlaufen? Niemand kann diese Fragen eindeutig beantworten. Trotzdem denken die Astronomen bereits darüber nach, eine neue Klasse von Himmelskörpern einzuführen: »heiße Jupiter«. Heiß deswegen, weil die Oberflächentemperaturen wegen der großen Sternnähe bei mehreren tausend Grad liegen müßten. Kein sehr angenehmer Ort für Leben, über das phantasiebegabte Wissenschaftler und Autoren natürlich heftig spekulieren.

Die sehr massereichen »heißen Jupiter« wie jene von 70 Virginis oder HD 114762 könnten Braunen Zwergen ähneln. Darunter verstehen die Experten einen verkrachten Stern, in dessen Inneren mangels Masse das atomare Feuer nicht gezündet hat, der jetzt allmählich schrumpft und mit einer etwa 2000 Grad heißen Oberfläche dahinglimmt. Die Astrophysiker allerdings glauben, daß Braune Zwerge zwischen 15 und achtzig Jupitermassen besitzen. Wären die neuen Welten also doch eher so etwas wie »Superplaneten«?

Auf den ersten Blick mag es seltsam erscheinen, daß die ersten gefundenen Planetensysteme mit unserem eigenen wenig gemein haben. Wir dürfen aber nicht vergessen, daß die Netze der Planetenjäger noch relativ grobmaschig gestrickt sind; erdähnliche Planeten würden ihnen entschlüpfen. In den nächsten Jahren und Jahrzehnten planen die Astronomen daher neue Instrumente. Im Jahr 2007 will die US-Raumfahrtbehörde NASA das ›Next Generation Space Telescope‹ (NGST) ins All schießen. Beim Start wird der Spiegel mit acht Meter Durchmesser zusammengeklappt sein und sich erst im Weltraum wie eine aufblühende Knospe entfalten. Das Fernrohr könnte den Jupiter unseres Sonnensystems aus einer Distanz von dreißig Lichtjahren leicht entdecken. Eine zweite Erde würde erst ein Riesenauge wie der amerikanische ›Terrestrial Planet Finder‹ sehen. Das Instrument soll aus vier auf einer Plattform montierten Acht-Meter-Spiegeln bestehen und ebenso wie die gigantischen Pupillen des europäischen ›Infrared Space Interferometer‹ (IRSI) vom Weltraum aus zu fernen Planeten spähen. Bevor es soweit ist, müssen wir unser eigenes Planetensystem studieren. Und da wimmelt es von bizarren Welten, die so recht nach dem Geschmack von Bernard Le Bovier de Fontenelle gewesen wären.

Geschwister der Erde

Die Invasion beginnt am 4. Juli 1997, am amerikanischen Nationalfeiertag Independence Day. Mit einer Geschwindigkeit von knapp 27 000 Kilometern pro Stunde taucht das Raumschiff in die oberen Schichten der Atmosphäre ein. Ein Hitzeschild, der die Kapsel auf Tempo 1300 abgebremst hatte, wird abgesprengt, ein elf Meter großer Fallschirm öffnet sich. Mit der Geschwindigkeit eines Sportwagens rast ›Pathfinder‹ nun dem Boden entgegen. In 21 Metern Höhe wirft die Automatik den Fallschirm ab. Mit ungefähr fünfzig Kilometern pro Stunde landet der »Pfadfinder« in der Geröllwüste, eingehüllt in dicke Airbags, um wie ein Gummiball sofort wieder nach oben zu springen. Wieder und wieder schlägt die Sonde auf. Nach insgesamt 16 »Hüpfern« bleibt sie schließlich liegen. Es ist 19 Uhr 7 Minuten und 25 Sekunden mitteleuropäischer Sommerzeit. Die Invasion auf dem Roten Planeten ist geglückt.

Der Mars hat die Menschen nicht nur während der ›Pathfinder‹-Mission in Bann geschlagen. Von allen Planeten des Sonnensystems hat er im Lauf der Geschichte die Phantasie am meisten angeregt. Wegen seiner roten Farbe, die sie wohl an Blut und Feuer erinnerte, nannten ihn die Chaldäer Nergal, den Schlachtenlenker und Gott der Unterwelt. Ares hieß er bei den Griechen, Mars bei den Römern. Beide Namen bezeichnen ein- und denselben Gott: den des Krieges. Trotz seines Namens hat Mars viel Gutes bewirkt. Johannes Kepler erkannte aus der Beobachtung seiner Bewegung, daß er sich ebenso wie die übrigen Planeten einschließlich der Erde auf einer elliptischen Bahn bewegt. Die drei Keplerschen Gesetze gründen maßgeblich auf dem komplizierten Wanderpfad des Mars.

Nachdem Galileo Galilei sein Fernrohr gen Himmel gerichtet hatte, erwachte auch das Interesse an den Geschwistern der Erde. Fünf waren damals bekannt: Merkur, Venus, Mars, Jupiter und Saturn. Einzelheiten auf den winzigen Scheiben konnten die ersten Beobachter mit ihren bescheidenen Instrumenten allerdings nicht ausmachen. Mit verbesserten Teleskopen erspähten die Astronomen im 18. Jahrhundert Strukturen in der Atmosphäre des Jupiter, den Ring des Saturn und dunkle Flecken auf dem Mars. Daraus schlossen sie, daß der Planet rotieren mußte. Heute wissen wir, daß ein Tag auf ihm 24 Stunden und 37 Minuten irdischer Zeit dauert. Die Forscher bemerkten aber noch etwas anderes: Die Flecken schienen mit der Zeit ihre Färbung zu ändern. Und da waren außerdem die beiden weißen Polkappen, die im Laufe eines Marsjahres wuchsen und schrumpften. Was hatte das alles zu bedeuten? Waren die dunklen und hellen Strukturen Zeichen für Vegetation, die im Marssommer aufblühte und im Herbst verdörrte? Gab es auf dem Mars ausgedehnte Ozeane, die durch die gewaltigen Polkappen gespeist wurden? War der Mars eine zweite Erde? War er gar von intelligenten Lebewesen bewohnt?

Im September 1877 nahm Giovanni Domenico Schiaparelli (1835 – 1910) mit dem Zwanzig-Zentimeter-Refraktor der Mailänder Sternwarte den Roten Planeten ins Visier. Der Wissenschaftler wollte die besonders günstige Opposition ausnützen. Das ist jene Stellung, bei der Mars von der Erde aus gesehen der Sonne am Himmel genau gegenübersteht. Könnten wir zu diesem Zeitpunkt von oben auf das Planetensystem hinunterschauen, sähen wir Sonne, Erde und Mars auf einer Linie. Bei einer Konjunktion dagegen hält sich Mars von der Erde aus betrachtet hinter der Sonne auf, quasi »am anderen Ende« des Planetensystems. Das bedeutet gleichzeitig maximalen Abstand, der bis auf 401 Millionen Kilometer ansteigen kann. Wegen der elliptischen Bahn des Roten Planeten schwankt die Distanz zur Erde während aufeinanderfolgender Konjunktionen ebenso wie während unterschiedlicher Oppositionen; da können uns 102 Millionen Kilometer vom Mars trennen – oder nur etwa 55 Millionen. Anfang September 1877 wurde der geringste Wert nahezu erreicht. Mars strahlte als auffallend roter »Stern« vom damals noch dunstfreien Himmel Oberitaliens. Im Fernrohr sah Schiaparelli bei fast 500facher Vergrößerung auf Anhieb die weiße Südpolkappe und einige dunkle Flecken. Aber in jener klaren Spätsommernacht beobachtete er noch etwas anderes: schnurgerade dünne Linien, die wie ein Netz die Oberfläche überzogen. Schiaparelli nannte sie *canali*. Obwohl er damit zunächst nichts anderes als Rinnen meinte, war der Mythos von den Marskanälen geboren – und der von den kleinen grünen Männchen. (So klein konnten sie allerdings gar nicht sein. Die Kanäle, die sie offenbar gebaut hatten, mußten eine Breite von mindestens fünfzig Kilometern besitzen, um mit Teleskopen von der Erde überhaupt wahrgenommen werden zu können.)

Der Gedanke an die Marsianer ließ viele Menschen nicht mehr los. Im Jahr 1894 baute der reiche amerikanische Kaufmann und Amateurastronom Percival Lowell in Flaggstaff, Arizona, ein Observatorium, um deren Geheimnis auf die Spur zu kommen. Lowell sah sehr viele dünne Kanäle, andere Forscher wenige dicke und wieder andere überhaupt keine. Mit der Zeit stellte sich heraus, daß die gigantischen Bewässerungssysteme der Marsianer bei sehr guten Beobachtungsbedingungen nicht etwa deutlicher hervortraten, sondern ganz verschwanden. Die Forscher wurden zunehmend skeptisch, zumal keine einzige photographische Aufnahme die Marskanäle zeigte. Schon in den zwanziger Jahren hielten sie die meisten Experten für das, was sie tatsächlich sind: optische Täuschungen. Die Medien ließen sich davon freilich nicht beirren, und in der Literatur lebten die Marsmännchen ohnehin weiter. Während der günstigen Opposition 1924 wollten viele Radioamateure Funksignale von dem Planeten aufgefangen haben. Am Abend des 30. Oktober 1938 griffen die Marsianer die Erde tatsächlich an!

Unter der Regie von Orson Welles strahlt der New Yorker Radiosender CBS ein Hörspiel aus, das auf dem Science-fiction-Roman ›Der Krieg der Welten‹ des englischen Autors Herbert George Wells beruht. Welles hat die Handlung geschickt in eine Reportage verpackt und den Ort des Geschehens von England nach Grovers Mill in New Jersey verlegt. Dort landet eine zylindrische Kapsel, aus der schreckliche Wesen mit geifernden Mündern und schleimigen Tentakeln hervorkriechen. Während die fiktiven Invasoren vom Roten Planeten mittels Hitzestrahlen und Giftwolken systematisch damit beginnen, die USA zu vernichten, fliehen Tausende von Menschen in Panik aus den Großstädten. Wer weiß, welch schlimme Folgen die durch das Hörspiel ausgelöste Massenhysterie noch gehabt hätte. Getreu der Romanvorlage sterben die Marsianer gerade rechtzeitig an harmlosen irdischen Bakterien.

Der Mythos von den Marsmännchen ist längst Geschichte, das Thema »Leben« aber noch nicht abgeschlossen. Schuld daran ist ein 1939,9 Gramm schwerer kartoffelförmiger Brocken. Die amerikanische Geologin Roberta Score spürte ihn im Jahr 1984 in den Eisfeldern der Antarktis auf. Nach seinem Fundort Allan Hills und der laufenden Entdeckungsnummer erhielt er die Bezeichnung ALH 84001 – und wanderte für nahezu ein Jahrzehnt in einen mit Stickstoff gefüllten Schrank am amerikanischen Johnson Space Center. Erst im Jahr 1993 nahmen ihn mehrere Geologen unter die Lupe. Bald stellte sich heraus, daß ALH 84001 vom Mars stammt. Etwa vier Milliarden Jahre lang muß sein Gestein auf dem Erdnachbarn gewesen sein. Vor 15 Millionen Jahren schlug ein Meteorit auf dem Roten Planeten ein und schleuderte Felsmaterial in den Weltraum. Eines der Trümmer gelangte nach einer kosmischen Odyssee zur Erde und stürzte vor 13 000 Jahren in einem grellen Feuerball in die antarktische Eiswüste.

Die Geschichte von ALH 84001 war zwar bemerkenswert, aber an sich keine größere Sensation. Immerhin ist der Brocken einer von mittlerweile einem guten Dutzend Steinen, die vom Mars kommen. Allesamt enthalten sie Gaseinschlüsse, deren Zusammensetzung jener der Marsatmosphäre verblüffend ähnelt. Aber ALH 84001 ist doch etwas Besonderes. Auf einer Pressekonferenz am 7. August 1996 verkündete Daniel Goldin, Chef der amerikanischen Raumfahrtbehörde NASA, man habe eine »verblüffende Entdeckung« gemacht: Der Stein enthalte Lebensspuren!

Die Wissenschaftler um David McKay legten vier Indizien vor. Im Gestein fanden sie Karbonatkügelchen, Mineralablagerungen aus Kohlenstoff- und Sauerstoffatomen, nicht größer als der Durchmesser eines Haares; sie könnten das Produkt von längst vergangenen Mikroorganismen sein. Innerhalb dieser winzigen Kügelchen gibt es unregelmäßig verteilte polyzyklische, aromatische Kohlenwasserstoffe (PHAs); sie entstehen bei der Zersetzung oder Verbrennung von biologischem Material, zum Beispiel beim Grillen oder Braten, werden häufig aber auch von verwesenden Organismen produziert. Ebenfalls im Inneren der Karbonatkügelchen wiesen die Forscher Kristalle aus zwei unterschiedlichen magnetischen Mineralien nach, aus Eisensulfid und aus Magnetit; einige irdische Bakterien erzeugen ähnliche Mineralien und benutzen diese Minimagneten als Sensoren zur Orientierung. Schließlich zeigten McKay und seine Kollegen mit Elektronenmikroskopen gewonnene Aufnahmen von den Rändern der Karbonatkügelchen, auf denen winzige Würmchen erscheinen; sie sind zwar kaum größer als ein Tausendstel Millimeter und damit viel kleiner als die irdischen »Nanobakterien«, sehen jedoch so ähnlich aus wie diese.

Vier Indizien – vier Beweise? Seit dem 7. August 1996 verhandelt das Tribunal der Wissenschaftler hart. Wenngleich ein endgültiges Urteil noch nicht gesprochen ist, verdichten sich die Hinweise darauf, daß ALH 84001 doch keine Lebensspuren vom Mars beherbergt. Wie und bei welchen Temperaturen sind die Karbonatkügelchen entstanden? Auf diese für die Lebens-These entscheidende Frage gibt es bisher zwar keine eindeutige Antwort, doch im Januar 1998 behaupteten zwei unabhängig voneinander arbeitende Forschergruppen in dem Wissenschaftsmagazin ›Science‹, daß die »biologische Verunreinigung« von ALH 84001 aller Wahrscheinlichkeit nach aus der Antarktis stammt. Danach soll das organische Material im Inneren des Steins nicht älter sein als 5000 bis 12 000 Jahre – während dieser Zeit hat er friedlich im ewigen Eis gelegen. Wie die Debatte auch ausgehen mag, fest steht: Die Entwicklung von Leben auf dem Mars liegt durchaus im Bereich des Möglichen. Werfen wir also einen Blick in seine Vergangenheit.

Vor etwa 4,6 Milliarden Jahren schälte sich der Rote Planet ebenso wie die übrigen großen Körper des Sonnensystems aus dem solaren Urnebel. Kurz nach dem Abkühlen umgab den Mars eine Hülle aus Methan und Ammoniak. Heftiger Vulkanismus verwandelte sie jedoch rasch in eine dichte Kohlendioxid-Atmosphäre. Durch den »Treibhauseffekt« lag die Temperatur planetenweit über dem Gefrierpunkt. Ozeane, Flüsse und Seen bestimmten das Landschaftsbild. Vielleicht tummelten sich in den Wassern des Kriegsgottes primitive Organismen. Aber Mars hatte ein Gewichtsproblem: Bei einem Äquatordurchmesser von 6794 Kilometern besitzt er nur ein Neuntel der Erdmasse, seine Anziehung beträgt knapp ein Drittel jener der Erde. Kurz: Mars konnte seine Atmosphäre nicht lange festhalten. Vor 3,8 Milliarden Jahren begann sie auszudünnen. Der Planet kühlte ab, Flüsse und Seen gefroren. Gut zwei Milliarden Jahre später war der Druck innerhalb der nunmehr sehr dünnen Atmosphäre auf den gegenwärtigen Wert von 0,007 Bar gesunken. Das entspricht sieben Promille des irdischen Luftdrucks. Bei diesem Atmosphärendruck kann es kein flüssiges Wasser geben.

Einst, so haben wir gesehen, scheint auf dem Mars dieser »Urstoff« für das Leben im Überfluß vorhanden gewesen zu sein. Verästelte Talsysteme mit abgeschliffenen Böden, stromlinienförmige Inseln und sedimentartige Ablagerungen in einigen Canyons bezeugen nach Meinung vieler Wissenschaftler die warme, feuchte Vergangenheit des Wüstenplaneten. Die ›Pathfinder‹-Landestelle Ares Vallis entstand offenbar, als eine Sintflut große Mengen von Fels- und Bodenmaterial ablagerte. Viele jener Steine, die den Kameras der Landestation und des Minirovers ›Sojourner‹ vor die Linse kamen, sehen tatsächlich so aus, als seien sie von gewaltigen Wassermassen geformt worden. Darüber hinaus »erschnüffelte« das sogenannte APX-Instrument auf ›Sojourner‹ einen unerwartet hohen Silikatgehalt der Steine, was auf komplexe Basalte hindeutet. Auch die Entstehung der vermuteten Konglomerate – eine Mischung aus Staub, Sand und kleinen Steinen – läßt sich am besten in einer feuchten Umgebung erklären.

Wo ist das Wasser geblieben? Ein verschwindend geringer Bruchteil der früheren Menge steckt heute in den Polkappen, wobei jedoch die südliche überwiegend aus Kohlensäureschnee (Trockeneis) besteht. Nach Ansicht der Fachleute ist Wasser sicher auch im Permafrostboden gespeichert. Der überwiegende Anteil könnte sich verflüchtigt haben, als der junge Mars vor Milliarden Jahren seine dichte Atmosphäre verlor und seine Oberfläche zu einer kalten Wüste wurde. Der Himmelskörper ist wahrlich kein sehr einladender Ort. Heute betragen die Temperaturen an den Polen –130 Grad. Immerhin klettert das Thermometer in den Äquatorgegenden zur Mittagszeit schon mal auf Werte von fünf Grad über Null, im Durchschnitt liegen die Temperaturen aber weit unter dem Gefrierpunkt.

Verrostetes Eisenerz verleiht dem Planeten die rote Farbe. Hinter den dunklen Flecken, welche die frühen Beobachter erblickten, verbergen sich unterschiedliche Geländeformationen wie Becken, Krater oder Schluchten. Der größte »Marskanal« Valles Marineris, ein tektonischer Canyon, erstreckt sich über eine Länge von 4000 Kilometern. Über die karge Landschaft des Planeten fegen bisweilen globale Stürme mit Geschwindigkeiten von bis zu 400 Kilometern pro Stunde, sie reißen Staub mit sich und legen felsiges Terrain frei. Auf diese Weise ändert sich die Färbung der Flecken – was die Astronomen einst als Zeichen von Vegetation deuteten. Aber auch Windhosen oder »Sandteufel« wirbeln Staub in die stets milchigtrübe Atmosphäre. In der Tharsis-Aufwölbung ragen mächtige Schildvulkane in den Himmel, allen voran der 27 000 Meter hohe Olympus Mons. Die Vulkane haben das Gesicht des Kriegsgottes entscheidend geprägt. Die Experten wollen nicht gänzlich ausschließen, daß sie noch heute Lava spucken.

Mitte der siebziger Jahre gab es wieder einmal Aufregung um den Roten Planeten. Die ›Viking‹-Sonden funkten Bilder zur Erde, auf denen nicht nur Pyramiden zu sehen waren, sondern auch das Marsgesicht, eine überdimensionale menschliche Maske. Das jedenfalls glaubten nicht wenige – nur die Wissenschaftler nicht. Sie hielten das Ganze für eine optische Täuschung. Im Frühjahr 1998 nahm die Kamera der US-Sonde ›Mars Global Surveyor‹ einen vier Kilometer breiten und achtzig Kilometer langen Streifen der Cydonia-Region auf. Dabei überflog der Späher auch das Marsgesicht. Das Bild zeigt noch Details von der Größe eines Mittelklassewagens. Augen, Nase und Mund des vermeintlichen Antlitzes verschwinden auf dem Foto. Übrig bleibt ein etwa 1500 Meter hoher Tafelberg. Seit Urzeiten steht er in der Wüste, Sandablagerungen und Winderosion haben auf ihm Spuren hinterlassen. Auch die Pyramiden entpuppten sich als natürliche Geländeformationen. So war es wieder nichts mit den Marsianern. Denen würde sich übrigens am Himmel ein interessantes Schauspiel bieten. Drei- bis viermal täglich geht der Mond Phobos im Westen auf, läuft über den Himmel und verschwindet im Osten wieder unter dem Horizont. Phobos gleicht einer 28 mal 20 Kilometer großen Kartoffel. Er ist ähnlich geformt wie sein kleinerer Bruder Deimos (16 mal 12 Kilometer), der den Planeten in etwas mehr als dreißig Stunden umläuft; Phobos benötigt dafür etwa sieben Stunden und 42 Minuten. Asaph Hall hat die beiden Satelliten 1877 entdeckt – im Jahr, als die Legende von den Marsmännchen geboren wurde. Mit dem Mars haben wir den sonnenfernsten Vertreter der »erdähnlichen« Planeten kennengelernt. Dazu gehören neben der Erde selbst auch noch Merkur und Venus. Alle vier Himmelskörper besitzen kleine Durchmesser und im Vergleich zur Größe ihrer festen Gesteinskugeln dünne Atmosphären. Sie drehen sich recht langsam um ihre Achsen. Die Erde benötigt für eine Rotation 23 Stunden 56 Minuten, die Venus 243 Tage. Dagegen sind die vier jupiterähnlichen Planeten Jupiter, Saturn, Uranus und Neptun große Kugeln mit mächtigen Gasatmosphären. Eine feste Oberfläche haben sie nicht. Tag und Nacht dauern auf ihnen nur wenige Stunden. Und im Gegensatz zu ihren kleinen Geschwistern schmücken sich die Giganten mit einer stattlichen Zahl von Satelliten. Pluto, der neunte im Bunde, hat in jüngster Zeit immer mehr von seinem Status als Planet eingebüßt. Wir werden ihn am Schluß des Kapitels treffen, wenn es um die Vagabunden im Sonnensystem geht. Doch besuchen wir zunächst die »ordentlichen« Wandelsterne.

Nikolaus Kopernikus, so wird behauptet, habe ihn nie selbst zu Gesicht bekommen. Die Sumerer dagegen beobachteten ihn schon im 3. Jahrtausend vor Christus. Und die Griechen hatten sogar zwei Namen für ihn: Apollo, wenn er sich am Morgenhimmel kurz vor Sonnenaufgang tief über dem Osthorizont zeigte; Hermes, wenn er nach Sonnenuntergang im Westen als Lichtpünktchen in ruhigem Glanz leuchtete. Hermes ist der flinke Götterbote der griechischen Mythologie, aber auch der Schutzpatron der Wanderer und Hirten, der Kaufleute und Schelme. Die Römer nannten ihn Merkur – und so nennen wir ihn noch heute. Der Himmelskörper umläuft die Sonne einmal in 88 Tagen auf einer stark elliptischen Bahn. Auf ihr kann er sich dem Zentralgestirn bis auf 46 Millionen Kilometer nähern oder sich bis zu 70 Millionen Kilometer entfernen. Von der Erde aus gesehen, steht Merkur als »innerster« Planet immer nahe bei der Sonne. Das Weltraum-Teleskop ›Hubble‹ darf ihn deshalb übrigens nicht beobachten – die Wissenschaftler fürchten, das teure Riesenauge könnte versehentlich von der Sonne geblendet und dabei zerstört werden. Selbst wenn ›Hubble‹ freien Blick hätte, wäre nicht viel auf Merkur auszumachen. Mit einem Durchmesser von 4880 Kilometern gehört er zu den Winzlingen unter den Planeten. Der Jupitermond Ganymed (5270 Kilometer Durchmesser) und der Saturnsatellit Titan (5150 Kilometer) übertreffen ihn sogar an Größe.

Viele Jahre wußten die Astronomen fast nichts über den Götterboten. Erst im Jahr 1965 zeigten Radarmessungen mit der Arecibo-Radioantenne auf Puerto Rico, daß Merkur nicht wie etwa der Mond »gebunden« rotiert, sondern sich einmal in 58 Tagen und 15 Stunden um seine Achse dreht. Aus diesem Grund wären Astronauten je nach Landegebiet Zeugen von seltsamen Schauspielen: Beispielsweise würden sie die Sonne aufgehen sehen und bemerken, wie sie während der Wanderung über den Himmel allmählich an Größe zunimmt. Am höchsten Punkt des Firmaments würde die Sonne plötzlich stoppen, um kurz darauf in die entgegengesetzte Richtung zu eilen, nach einem weiteren Halt ihren Weg zum Horizont fortzusetzen und dabei wieder zu schrumpfen.

Der einzige Besucher von der Erde war bisher die unbemannte Raumsonde ›Mariner 10‹. In den Jahren 1974/75 flog sie dreimal am Merkur vorbei und fotografierte knapp die Hälfte der Kugel. Die extrem dünne Atmosphäre aus Natrium-, Helium- und Wasserstoffatomen vermochte den Blick auf das Antlitz des Planeten nicht zu trüben: Es ist zerfurcht und uralt. Im Laufe der Jahrmilliarden hat Merkur wohl unzählige Treffer kosmischer Brocken abbekommen. Sie haben Krater oder mächtige Becken geschlagen wie das zwei Kilometer tiefe Caloris-Becken, in dem ganz Deutschland bequem Platz hätte. Offenbar füllte es sich unmittelbar nach dem Einschlag mit flüssiger Lava. Auf der »pockennarbigen« Oberfläche des Merkur wechseln sich kraterreiche Hochländer mit relativ glatten Ebenen ab, die von Zeiten heftigen Vulkanismus künden. Alles in allem ähnelt das Äußere des Merkur stark dem unseres Mondes. Das Innere dagegen halten die Wissenschaftler eher für erdähnlich. Unter der nur wenige hundert Kilometer dünnen Silikatkruste vermuten sie einen massereichen Eisenkern mit rund 3800 Kilometern Durch-

Mond

Der Mond hat Konjunktur. Nach ihm werden Kartoffeln gepflanzt und Haare gewaschen, Fingernägel geschnitten und Bäume geschlagen. Der Mond begleitet die Menschen seit Urzeiten. Und immer noch geht von ihm beinahe so etwas wie Magie aus, obwohl er längst seinen Status als *zweite Erde* verloren hat und bisher zwölf Astronauten im Känguruhschritt über seine Geröllwüste gehopst sind. Zwei Dinge faszinieren an dem Erdbegleiter: Der monatliche Wechsel seiner Phasen und das ewige Spiel von Ebbe und Flut, das er antreibt. Der Mond läuft in 27 Tagen 7 Stunden und 43 Minuten einmal um die Erde. Weil er für die Drehung um die eigene Achse ebenso lang braucht (gebundene Rotation), wendet er uns stets dieselbe Gesichtshälfte zu.

Im Laufe eines Monats erscheint der Trabant in unterschiedlicher Lichtgestalt. Steht er zwischen Erde und Sonne, ist uns die Nachtseite zugewandt, wir sprechen von Neumond. Danach nimmt der Mond zu, gelangt nach etwa einer Woche ins Erste Viertel und steht noch einmal eine Woche später als Vollmond der Sonne am Himmel gegenüber. Jetzt nimmt er wieder ab, präsentiert sich im Letzten Viertel und wird schließlich als Neumond erneut unsichtbar. Die Mondbahn ist geneigt. Daher zieht der Himmelskörper meist ober- oder unterhalb der Sonne vorüber, und monatliche Finsternisse bleiben aus. Die Anziehungskraft der Erde hält den Mond auf seiner Bahn. Im Gegenzug übt auch der kleinere Satellit eine Kraft auf unseren Planeten aus. Die Anziehung formt in den Meeren einen Buckel auf der dem Mond zugewandten Seite. Auf der Rückseite unseres Planeten überwiegt dagegen die Fliehkraft der Erde – und bildet ebenfalls eine Flutwelle. In den um neunzig Grad dazwischen liegenden Regionen herrscht Ebbe.

Weil die Erde rotiert, laufen die Gezeitenwellen innerhalb

eines Tages um den ganzen Planeten herum. Die Fluten folgen dabei wegen der Mondbewegung nicht alle 12 Stunden, sondern jeweils nach 12 Stunden und 25 Minuten aufeinander. Die Sonne kann die Mondflut verstärken (Springflut) oder abschwächen (Nippflut). Wie ist der Mond entstanden? Über diese Frage streiten die Gelehrten seit mindestens hundert Jahren. Die Astronauten der Apollo-Landefähren brachten zwar 382 Kilogramm Mondgestein zur Erde, das in irdischen Labors nach allen Regeln der Kunst analysiert wurde. Aber die Geburt des Erdbegleiters liegt immer noch im dunkeln. George Darwin, Sohn des Biologen Charles Darwin, stellte 1878 die erste Hypothese auf. Danach sollte die junge Erde so schnell rotiert haben, daß sich ein großer Klumpen Lava ablöste und daraus den Mond bildete. Dann müßte sich der Trabant aber viermal schneller um seine Achse drehen. Nach einem anderen Szenario entstanden Erde und Mond quasi als Doppelplanet aus einer gemeinsamen Urwolke. Gegen diese Theorie spricht der unterschiedliche Aufbau der beiden Körper. Im Gegensatz zur Erde besitzt der Mond beispielsweise keinen großen Eisenkern. Auch die Einfangtheorie – der Mond hätte sich danach irgendwo im Sonnensystem formiert und wäre erst später von den Schwerkraftbanden der Erde gefesselt worden – ist nicht stimmig. Seit einigen Jahren glauben die meisten Experten an eine Katastrophe als Geburtshelfer: Kurz nachdem sich die Erde gebildet hatte, sollte ein ungefähr marsgroßer Protoplanet mit ihr zusammengestoßen sein. Das aus dem Erdmantel herausgeschleuderte Material sammelte sich in einer Umlaufbahn und verklumpte zum Mond.

Schon mit bloßem Auge lassen sich auf dem Erdnachbarn zwei Geländeformationen unterscheiden: Helle, kraterüberzogene Hochländer (*Terrae*) und dunkle Meere (*Maria*). Letztere haben mit Wasser nichts zu tun, sondern sind große Einschlagbecken, die von Lava überflutet wurden; beim Abkühlen entstanden Rillen, Furchen und Spalten. Vor etwa drei Milliarden Jahren kamen die geologischen Aktivitäten zum Erliegen. Die Krater in den Hochländern zeugen noch heute von dem gewaltigen Bombardement, das der Mond über sich ergehen lassen mußte. Der ständige Beschuß zerrieb das Oberflächenmaterial zu einer bis zu zwanzig Meter dicken Schicht aus Staub, dem Regolith. Der Mond besitzt keine Atmosphäre und kein Magnetfeld. Aus diesem Grund ist er den Unbilden von kosmischer Strahlung und dem Wechselbad der Temperaturen schutzlos ausgeliefert. Während es auf der Tagseite bis zu 130 Grad warm wird, sinken die Temperaturen nachts auf −150 Grad. Nach Messungen der Sonden ›Clementine‹ und ›Lunar Prospector‹ lagern an den beiden Polen große Mengen Wassereis. Der Mond wird also in den nächsten Jahren nicht nur die Esoteriker weiter beschäftigen.

messer. Er könnte teilweise geschmolzen sein – eine Tatsache, die zumindest dabei helfen würde, das schwache Magnetfeld des Planeten zu erklären. Eine weitere Naherkundung wäre notwendig, um dieses Rätsel zu lösen. Daß in absehbarer Zeit wieder eine Mission zum Merkur startet, scheint derzeit eher unwahrscheinlich. Dabei würden die Forscher möglicherweise noch einem anderen Geheimnis auf die Spur kommen. Vor wenigen Jahren nämlich haben Radarmessungen von der Erde aus völlig überraschend Anzeichen dafür geliefert, daß es am Nordpol des Merkur Wassereis gibt. Dies ist auf den ersten Blick um so erstaunlicher, da die Temperaturen der Oberfläche auf bis zu 430 Grad über Null ansteigen. Allerdings sinken sie um Mitternacht auf −170 Grad. Diesem »Wechselbad« ist das Eis am Nordpol offenbar nicht ausgeliefert. Es liegt im

Reich ewiger Dunkelheit, verborgen am Boden tiefer Krater. Eine solche »Tiefkühltruhe« hat die Raumsonde ›Lunar Prospector‹ im Frühjahr 1998 offenbar gefunden – auf dem Erdmond. Dort scheint es an beiden Polen nicht unbeträchtliche Mengen von Wassereis zu geben. Als größte Lagerstätte verdächtigen die Experten das Aitken-Becken am Mondsüdpol.

Die Venus ist die einzige »Schwester« der Erde, alle anderen großen Planeten wurden nach männlichen Gottheiten benannt. Namenspatronin für die Venus ist die römische Göttin der Liebe und der Schönheit; bei den Griechen war es Aphrodite, die Babylonier nannten sie Ishtar. Venus übertrifft alle anderen Gestirne an Glanz, von Sonne und Mond natürlich abgesehen. Manche Laien halten sie für ein unbekanntes Flugobjekt, das in der Dämmerung am Firmament strahlt. Die Venus ist der klassische Morgen- und Abendstern (wobei die Bezeichnung Stern falsch ist). Wir finden sie daher entweder nach Sonnenuntergang im Westen oder vor Sonnenaufgang im Osten. Vielleicht hat gerade die ungewöhnliche Helligkeit des Planeten sowie die Tatsache, daß die dichte Atmosphäre keinen Blick hinter den »Schleier« gestattet, die Astronomen zu allen möglichen Spekulationen angeregt. So glaubte der deutsche Mondforscher Franz P. Gruithuisen Mitte des 19. Jahrhunderts, die Venus sei von intelligenten Wesen bewohnt, die mindestens 130 Jahre alt werden. Noch 1918 meinte der schwedische Physikochemiker und Nobelpreisträger Svante Arrhenius, der Planet sei feucht und mit ausgedehnten tropischen Wäldern überzogen.

Leider sind auch diese Träume geplatzt. Auf der Venus gibt es keinerlei Vegetation, die Liebesgöttin hat sich im Licht moderner Wissenschaft sogar als überaus lebensfeindlicher Ort entpuppt. Unter der Gashülle – einem für Menschen nicht sehr bekömmlichen Gemisch aus 96,4 Prozent Kohlendioxid und 3,4 Prozent Stickstoff, in dem ein globaler Treibhauseffekt das Klima beherrscht – erstreckt sich eine Steinwüste mit ausgedehnten Ebenen, wenigen Hochländern und isoliert stehenden Vulkanen. Die Radaraugen der US-Sonde ›Magellan‹ haben Anfang der neunziger Jahre Lavaströme erspäht, die sich einst über die heute 470 Grad heiße Oberfläche ergossen. Seit mehreren hundert Millionen Jahren scheint es aber keine größeren geologischen Aktivitäten mehr gegeben zu haben. Vier russische Raumfahrzeuge vom Typ ›Venera‹ sind bisher auf der Venus gelandet. Bevor sie die hohe Temperatur, ein neunzigfach höherer Druck als auf der Erde und die säurehaltige Atmosphäre außer Gefecht setzten, übertrugen sie einige Nahaufnahmen der felsigen Ödnis.

Das Innere des Planeten ähnelt dem der Erde. Ein Felsmantel umschließt einen vielleicht 6000 Kilometer dicken, teilweise geschmolzenen Eisenkern. Trotzdem scheint das flüssige Eisen bei der Venus keinen »Dynamo-Effekt« zu verursachen. Jedenfalls haben die Wissenschaftler vergeblich nach einem Magnetfeld gesucht. Vermutlich kommt der Dynamo (anders als bei der Erde) nicht genügend auf Touren, denn Venus benötigt für eine einzige Umdrehung um ihre Achse 243 irdische Tage, während ein Venusjahr knapp 225 Erdtage dauert. Darüber hinaus rotiert die Venus auch noch »falsch« herum, die Sonne geht im Westen auf und im Osten unter. Die Atmosphäre des Planeten hingegen wirbelt innerhalb von vier Erdtagen einmal um die Venus. Orkane mit Geschwindigkeiten von 300 Kilometern pro Stunde treiben die Wolken an. Bei näherer Betrachtung ist die Liebesgöttin also alles andere als sanftmütig.

Am 10. Februar 1990 flog ein seltsames Gefährt von der Größe eines Kleinbusses an der Venus vorüber. Es war die Raumsonde ›Galileo‹. Sie holte an dem inneren Planeten Schwung, um in einer Art kosmischen Billard auf verschlungenen Pfaden zum Göttervater Jupiter zu gelangen. Am 7.

Dezember 1995 kam sie endlich ans Ziel. Eine kleine Kapsel tauchte in die Gashülle des Giganten hinab. Das Mutterschiff selbst schwenkte in eine Umlaufbahn ein, die es viele Male an den vier Galileischen Monden Io, Europa, Ganymed und Callisto vorbeiführte. Obwohl bereits auf dem Flug zum Jupiter die Hauptantenne klemmte und die Stationen auf der Erde statt des erwarteten Datenstroms eher ein Rinnsal empfingen, wurde die Mission zu einem beachtlichen Erfolg. Zwei Jahre lang umkurvte ›Galileo‹ wie vorgesehen die großen Monde. Im Dezember 1997 schickte die amerikanische Raumfahrtbehörde NASA ihren unbemannten Späher auf eine zweijährige Sonderschicht. Bis Ende 1999 sollte die Sonde vor allem den Trabanten Europa erkunden.

Jupiter ist nach der Venus der hellste Planet am Himmel, obwohl er in viel größerem Abstand um die Sonne läuft. Seine reflektierende Oberfläche muß folglich sehr groß sein. Tatsächlich trägt Jupiter den Namen des Göttervaters zu Recht, ist er doch der schwerste und größte Planet des Sonnensystems: Jupiter besitzt nahezu drei Viertel der Masse aller übrigen Körper, mit Ausnahme der Sonne. Sein Äquatordurchmesser beträgt 142 800 Kilometer; von Pol zu Pol sind es nur 133 000 Kilometer. Die Abplattung rührt von der rasend schnellen Rotation her. Nur knapp zehn Stunden dauert ein Zyklus von Tag und Nacht. Schon im Amateurteleskop zeigt der Planet ein gelbliches, mit dunklen Bändern und hellen Zonen quergestreiftes Scheibchen. Die Strukturen haben nichts mit einer festen Oberfläche zu tun. Sie gehören zu der wolkigen, stürmischen Atmosphäre. Anders als bei der Venus ist sie nicht etwa eine relativ dünne Schale, die einen erdähnlichen Planeten umgibt. Vielmehr ist Jupiters äußere Gashülle mehrere hundert Kilometer stark. Sie besteht zum Großteil aus Wasserstoff und Helium mit Beimischungen von Ammoniak und Methan. Spuren von Ethan, Phosphin, Blausäure, Wasser, Kohlendioxid, Kohlenmonoxid oder German sorgen dafür, daß Jupiter aussieht wie eine bunte Christbaumkugel. Eine Rolle spielt dabei auch die Atmosphärenschichtung: Dunkle Blautöne stammen von tiefliegenden Wolken, braune, weiße und rötliche Färbungen kommen aus darüber liegenden Schalen.

Gut 58 Minuten lang dauerte die Übertragung von ›Galileos‹ Eintrittskapsel aus den Tiefen des Wolkenmeers. Zunächst schien es so, als müßten die Lehrbücher über Jupiter umgeschrieben werden. Seine Atmosphäre sollte jener der Sonne stark ähneln, doch die Bordinstrumente erschnüffelten viel zu wenig Helium, viel zu wenig Wasser und viel zu viele schwere Elemente. Erst in den folgenden Monaten wurde klar, daß das Raumschiff ausgerechnet in einen »hot spot« geplumpst war. Solche heiße Flecken bedecken nur etwa ein Prozent der gesamten Jupiteratmosphäre und sind daher alles andere als typisch. Außerdem mußten die Forscher die meisten Werte überarbeiten, weil die Temperaturen der Meßgeräte beim Abstieg viel stärker geschwankt hatten als erwartet. Die revidierten Daten fügten sich wesentlich besser ins Bild. Unklar blieb indes, was die frischen Winde antreibt, die selbst 160 Kilometer tief unter der sichtbaren Oberfläche gleichmäßig stark mit Geschwindigkeiten von 600 Kilometern pro Stunde blasen.

Überhaupt geht es in der Wolkenhülle turbulent zu. Gewitterblitze zucken, Polarlichter erhellen die Nächte, kosmische Gesteinsbrocken rasen in die Atmosphäre und verglühen. Im Sommer 1994 rissen zwei Dutzend Bruchstücke des Kometen Shoemaker-Levy 9 mehrere Löcher in die Wolken. Sogar Amateurastronomen konnten die Spuren der Kollision verfolgen: Dunkle Flecken, die sich in den ursprünglich bis zu 8000 Grad heißen Feuerbällen an den Explosionsorten bildeten und über mehrere Monate zu beobachten waren. Bei »ruhigem« Wetter bestimmen vor allem Wirbelstürme das Geschehen. Im Teleskop erscheinen sie als helle oder dunkle Ovale. Der bekannteste Orkan ist der Große Rote Fleck. Das 13 000 mal 26 000 Kilometer große, gegen den Uhrzeigersinn rotierende Sturmsystem beobachten die Astronomen schon seit mehr als 300 Jahren. Da Jupiter wegen seiner mittleren Sonnenentfernung von rund 780 Millionen Kilometern zu wenig Energie abbekommt, muß er sich sein Wetter selber machen. Wie er das tut, konnte auch ›Galileo‹ nicht herausfinden. Fest steht, daß der Riesenplanet über einen »Ofen« tief in seinem Inneren verfügt, strahlt er doch doppelt soviel Wärme ab, wie er von der Sonne empfängt.

Obwohl Jupiter wegen seiner Größe, Masse und chemischen Zusammensetzung oft als verhinderter Stern bezeichnet wird, kann die Energie nicht aus thermonuklearen Reaktionen stammen, wie sie im Zentrum unseres Tagesgestirns ablaufen. Vielleicht sind ein langsames Schrumpfen der Kugel oder der Zerfall radioaktiver Elemente die Ursache für die Wärmequelle. Wie Jupiter »darunter« aussieht, läßt sich ebenfalls nicht direkt beobachten. Alles spricht für einen dichtgepackten Gesteinskern von doppeltem Erdvolumen, aber 15facher Erdmasse. Darüber liegt ein Ozean aus flüssigem Wasserstoff, der aufgrund des enormen Drucks die Eigenschaften eines Metalls aufweist. Nach außen schließt sich eine Schale aus flüssigem molekularem Wasserstoff an, die allmählich in die Wolkenhülle übergeht. In der metallischen Schale fließen elektrische Ströme; sie erzeugen ein extrem starkes Magnetfeld. Die Magnetosphäre ist sogar die größte dauerhafte Struktur im Planetensystem. Hunderte von Millionen Kilometern erstreckt sich der Magnetschweif auf der sonnenabgewandten Seite ins All hinaus.

Alle vier Galileischen Monde umlaufen den Planeten innerhalb der Magnetosphäre, dabei werden sie ständig mit energiereichen Teilchen bombardiert. Dadurch verlieren die Oberflächen der Satelliten Moleküle. Vor allem Io steht unter Beschuß. Anders als seine Gefährten ist er nicht von einem

Der beringte Saturn (oben) ist zweifellos der Schönheitskönig unter den Planeten. Die US-Sonde ›Voyager 1‹ fotografierte den Gasriesen während ihres Vorbeiflugs aus der Nähe. Dagegen bot der Komet Hale-Bopp (unten) schon dem bloßem Auge ein prachtvolles Bild. Im Frühjahr 1997 zog der Schweifstern die Blicke auf sich. (Fotos: NASA/JPL; Eller)

dicken Eispanzer bedeckt. Der Mond umrundet seinen Mutterplaneten innerhalb eines Plasmaschlauchs. Die Wechselwirkungen mit dem Magnetfeld sowie die Gezeitenkräfte von Jupiter und den äußeren Monden Europa und Ganymed zerren an Io und kneten sein Inneres durch. Dieses geologische Wechselbad führt zu heftigem Vulkanismus. Bis zu 280 Kilometer hoch spritzen die Fontänen. Schon die ›Voyager‹-Raumsonden waren im Jahr 1979 Zeugen dieser Ausbrüche. Über die mit Schwefeldioxid-Frost und anderen Schwefelverbindungen bedeckte Landschaft ergießen sich Lavaströme. ›Galileo‹ beobachtete außerdem Hunderte von dunklen Kesseln alter Vulkane. Auf Farbaufnahmen sieht Io aus wie eine Pizza mit Tomaten und Oliven. Der Vulkanismus formt die Oberfläche ständig um, daher fehlen Einschlagskrater von größeren Brocken, die im Laufe der Jahrmillionen zu Tausenden auf den Satelliten gestürzt sein müssen. Als weitere Besonderheit besitzt dieser aktivste Körper des Planetensystems offensichtlich einen großen Eisenkern.

Auf den Bildern der Raumsonden haben die Forscher bisher 16 Jupitertrabanten entdeckt. Nur die vier Galileischen sind ordentliche Kugeln mit Durchmessern zwischen 5270 Kilometern (Ganymed) und 3138 Kilometern (Europa). Callisto bringt es auf 4820, Io auf 3632 Kilometer. Die übrigen Monde sind wesentlich kleiner und gleichen überdimensionalen Kartoffeln. Die vier innersten – Metis, Adrastea, Amalthea und Thebe – speisen mit ihren Oberflächenteilchen Jupiters dünnes, aus vier Komponenten bestehendes Ringsystem. Es ist jedoch bei weitem nicht so spektakulär wie jenes des Saturn und von der Erde aus selbst mit den größten Fernrohren nicht zu sehen.

Europa ist neben Io der interessanteste der Galileischen Satelliten. Aus diesem Grund ging ›Galileo‹ in die Verlängerung und nahm ihn besonders unter die Lupe. Nahaufnahmen enthüllen grundsätzlich zwei Arten von Terrain: braune oder graue Hügellandschaften und weite, von Furchen durchzogene Ebenen.

Überrascht waren die Wissenschaftler, als ›Galileos‹ elektronisches Auge bis zu 13 Kilometer große Eisschollen sah, die vor langer Zeit auseinanderbrachen, sich verdrehten und heute 100 bis 200 Meter über die Oberfläche herausragen – ähnlich den schwimmenden Eisflächen in den irdischen Polarmeeren. Die Forscher überschlugen sich mit Spekulationen über das »Meer« auf Europa. Ist der Ozean 200 Kilometer tief und enthält er mehr Wasser als alle Meere auf der Erde zusammen? Wird er von einer noch unbekannten Quelle erwärmt? Tummeln sich in dem Wasser lebende Kreaturen? Fragen, auf die es keine seriösen Antworten gibt. Selbst das Alter der Oberfläche bleibt umstritten. Von einer Million bis zu einigen Milliarden Jahren reichen die Schätzungen. Treiben die Eisschollen vielleicht auf einem ganz anderen Gleitmittel? Schon denken manche ernsthaft darüber nach, in einigen Jahren ein unbemanntes U-Boot auf dem Mond abzusetzen. Europa wird die Wissenschaftler sicherlich noch lange in Atem halten.

»Der Planet Saturn ist nicht allein, sondern besteht aus drei Körpern, die sich gegenseitig fast berühren und sich niemals bewegen oder ihre gegenseitige Lage ändern.« Das schrieb Galileo Galilei 1610. Zwei Jahre später nahm Galilei den Planeten erneut ins Visier – und war verblüfft: »Haben sich die zwei kleineren Sterne aufgelöst in der Art der Sonnenflecken? Hat Saturn vielleicht seine eigenen Kinder verschlungen?« Der letzte Satz war eine Anspielung auf die Mythologie. Die Griechen nannten den Himmelskörper Kronos, die Römer Saturn. Er hatte seinen Vater Uranos entmannt, die Weltherrschaft an sich gerissen und schließlich seine eigenen Kinder auf die von Galilei beschriebene grausame Art aus dem Weg geräumt. Der Planet Saturn verhält sich viel harmloser. Die kleinen Körper, die der italienische Forscher mit seinem einfachen Fernrohr gesehen hatte, waren nichts anderes als die Ringe. Bei seiner zweiten Beobachtung blickte er genau auf die schmale Ringkante und konnte sie daher überhaupt nicht wahrnehmen. Galilei erlebte die Lösung des Rätsels nicht. Erst 1659 lieferte Christian Huygens in seinem Werk ›Systema Saturnium‹ die korrekte Erklärung. Im Jahr 1675 fand Giovanni Domenico Cassini an der Pariser Sternwarte eine dunkle Linie in den Ringen. Sie ist heute als Cassinische Teilung bekannt und bereits in kleinen Teleskopen mit etwa achtzig Millimetern Objektivdurchmesser sichtbar.

Saturn gehört zu den schönsten Gestirnen am nächtlichen Firmament. Er besitzt 95mal mehr Masse als die Erde und den neunfachen Radius; am Äquator mißt er 120 600, über die Pole sind es nur 108 000 Kilometer Durchmesser. Im Teleskop erscheint die Kugel daher deutlich abgeplattet. In 29,46 Jahren umrundet Saturn einmal die Sonne, von der er im Mittel 1,43 Milliarden Kilometer entfernt ist. Das Licht unseres Zentralgestirns benötigt für die Reise zum Saturn ungefähr achtzig Minuten, zehnmal länger als zur Erde. Drei Raumfahrzeuge haben dem »Herrn der Ringe« bisher ihre Aufwartung gemacht: ›Pioneer 11‹ sowie ›Voyager 1‹ und ›Voyager 2‹. Die Zwillingssonden nahmen Zehntausende Fotos auf. Darauf ähnelt das Ringsystem auf den ersten Blick einer Schallplatte. Es ist aber nicht starr, sondern setzt sich aus Tausenden Einzelringen zusammen. Sie bestehen wiederum aus Milliarden Teilchen, die den Saturn umkreisen. Ihre Größen schwanken zwischen Bruchteilen von Millimetern bis zu zehn Metern. Das gesamte Gebilde hat eine Breite von etwa 400 000 Kilometern – bei einer Dicke von nur wenigen Dutzend Metern. Wie entstanden diese Reifen?

Die Astronomen vermuten, daß einst ein oder mehrere Monde die magische Grenze des Saturn überschritten haben und dabei in Stücke gerissen wurden. Fachleute bezeichnen die magische Grenze prosaisch als »Roche-Grenze«. Innerhalb dieses Bereichs sind die Gezeitenkräfte so stark, daß alle größeren Körper unweigerlich zerbröseln. Nur die kleineren überstehen die Kraftprobe ohne Schaden.

So ästhetisch die Ringe wirken, so kompliziert sind sie. Der äußere F-Ring beispielsweise weist eine komplexe Struktur mit ineinander verflochtenen Strähnen auf. Zwei kleine Satelliten, die »Hirtenhundmonde«, halten die Ringpartikel in Zaum. Noch nicht im Detail verstanden haben die Forscher die Ursache für radiale Strukturen innerhalb der Ringe. Diese Speichen besitzen eine Lebensdauer von einigen Planetenumdrehungen, bevor sie vergehen und neue sich bilden. Sie bestehen aus dunklen, mikroskopisch kleinen Teilchen. Offenbar spielen bei diesem Phänomen elektromagnetische Prozesse in der nahen Planetenumgebung eine wichtige Rolle, denn auch Saturn verfügt über ein beachtliches, wenngleich weniger ausgedehntes Magnetfeld als jenes des Jupiter. Nicht zuletzt daraus schließen die Wissenschaftler auf einen dem benachbarten Riesenplaneten ähnlichen Aufbau: Auf den eisenreichen, etwa erdgroßen Gesteinskern folgen vermutlich Schalen aus flüssigem metallischem und flüssigem molekularem Wasserstoff.

Der Kern des Ringplaneten und sein metallischer Wasserstoffozean sind aber kleiner als beim Jupiter. Und während das Mengenverhältnis von Wasserstoff (70 Prozent) zu Helium (19 Prozent) auf dem Riesenplaneten in etwa dem der Sonne entspricht, weist Saturn in seiner oberen Atmosphäre nur elf Prozent Helium auf. Die Forscher vermuten, daß dieses Element in kleinen Tropfen in tiefere Schichten hinabregnet. Saturn kühlt wegen seiner geringeren Größe schneller ab als Jupiter, wobei das Helium auskondensiert. Dieser Heliumregen dürfte zu einer Erwärmung des Ringplaneten beitragen, weil die Tröpfchen den flüssigen Wasserstoff durchmischen und einen Teil ihrer Energie in Wärme umwandeln. Eine weitere Ursache, warum Saturn doppelt soviel Energie ausstrahlt, wie er von unserem Zentralgestirn empfängt, sehen Fachleute im langsamen Schrumpfen der Kugel.

Die Wolken in der oberen Atmosphäre bestehen vorwiegend aus Ammoniakkristallen. Die schnelle Rotation des Planeten (10 Stunden 39 Minuten) zieht sie – wie beim Jupiter – zu Bändern und Zonen auseinander. Sie erscheinen aber weniger bunt und nicht so stark strukturiert zu sein wie beim größten Planeten des Sonnensystems. Doch der Anblick trügt, das Saturnklima ist rauh. Hoch- und Tiefdruckgebiete wechseln sich ab, es gibt rotierende Wolkensysteme, weiße, braune und rote Ovale mit Ausdehnungen von einigen Tausend Kilometern sowie »Wirbelstraßen« wie auf der Erde. In den Äquatorgegenden blasen Stürme mit Geschwindigkeiten von 1800 Kilometern pro Stunde. Im Jahr 1990 entdeckte ein Hobbyastronom auf der Saturnkugel einen »Großen Weißen Fleck«, der in kurzer Zeit zu einem gewaltigen Sturm heranwuchs und sich als eine der größten atmosphärischen Erscheinungen im Sonnensystem entpuppte.

Wer den Saturn mit einem Amateurteleskop beobachtet, kann in der näheren Umgebung der Planetenkugel bis zu fünf schwache Sternchen entdecken. Das sind die Monde Titan, Rhea, Tethys, Dione und Iapetus. Die Astronomen haben bisher 18 Satelliten sicher erkannt. Manche Forscher glauben, nach sorgfältiger Analyse der ›Voyager‹-Bilder noch einmal vier oder fünf gefunden zu haben. Wie viele Minimonde sich im Reich des Planeten insgesamt verbergen, ist unbekannt. Unumstrittener »König« der Saturnsatelliten ist Titan. Er mißt 5150 Kilometer im Durchmesser. Eine dichte Atmosphäre versperrt den Blick auf seine Oberfläche. Die oberste Schicht bildet ein orangefarbener Smog, den photochemische Reaktionen erzeugen. Die Hauptbestandteile der Gashülle sind Stickstoff (neunzig Prozent) und Methan (sechs Prozent). Im November 2004 erhält Titan Besuch von der Erde. Während das unbemannte Raumschiff ›Cassini‹ in eine Bahn um den Saturn einschwenken und ihn innerhalb von vier Jahren siebzigmal umrunden soll, begibt sich die kleine Kapsel ›Huygens‹ auf einen Kamikaze-Flug zu dem wolkenverhangenen Mond. Zweieinhalb Stunden lang soll der Fallschirmabstieg in die Untiefen der Atmosphäre dauern. Unter anderem wird ›Huygens‹ Bilder von Wolken liefern und nach der (hoffentlich) sanften Landung auch noch die Oberfläche fotografieren. Die Wissenschaftler glauben, daß die Sonde ein Trip in die Vergangenheit der Erde erwartet: Titans Gashülle ähnelt allem Anschein nach der irdischen Uratmosphäre. Über das, was unter dem Schleier liegt, herrscht dagegen Rätselraten. Bei Temperaturen um die –180 Grad könnte der Botschafter von der Erde in einem Ozean aus Kohlenwasserstoffen, vor allem Äthan und Methan, niedergehen. Radarbeobachtungen haben gezeigt, daß aus dem Ozean möglicherweise ein Kontinent aus Eis, Fels und steinhart gefrorenem Kohlendioxid herausragt. Titan ist in jedem Fall eine Welt voller Überraschungen.

Es war in der Nacht des 13. März 1781, als ein Musiker und Komponist die Größe des Planetensystems verdoppelte. Mit seinem selbstgebauten Spiegelfernrohr von 15 Zentimetern Öffnung beobachtet Friedrich Wilhelm Herschel (1738 bis 1822) an jenem Vorfrühlingsabend den Himmel. Herschel stammte aus Hannover, war nach Ausbruch des Siebenjährigen Kriegs nach England übersiedelt und verdiente seit 1766 im Seebad Bath seinen Lebensunterhalt als Organist und Privatlehrer. Seine wahre Liebe jedoch galt der Astronomie, die er sich im Selbststudium beigebracht hatte. Darüber hinaus baute er in der Freizeit Teleskope von wahrlich meisterhafter Qualität. Am 13. März 1781 entdeckte Herschel einen neuen Himmelskörper. Zunächst hielt er ihn für einen Schweifstern. ›Bericht über einen Kometen‹ heißt denn auch seine Schrift über den Fund. Nach einigen Wochen stellte sich heraus, daß der Amateurforscher einen bisher unbekannten Planeten aufgespürt hatte. Diese populärste astronomische Entdeckung seit der Antike brachte Friedrich Wilhelm (inzwischen William) Herschel Weltruhm ein. Er wurde in den illustren Kreis der Royal Society aufgenommen und von König George III. zum Hofastronomen bestellt. Aus Dankbarkeit wollte Herschel den Neuling im Planetensystem nach dem englischen Herrscher benennen. Doch die Tradition setzte sich durch. Er wurde Uranus getauft, Vater des Titanen Saturn, Großvater des Jupiter.

Uranus hätte eigentlich schon den Himmelsbeobachtern der alten Kulturen auffallen müssen. In Opposition wird er so hell, daß ihn das bloße Auge gerade noch erkennt. Allerdings wandert er gemächlich über das Firmament – ein Sonnenumlauf dauert rund 84 Jahre – und ist von einem schwachen Sternchen kaum zu unterscheiden. Lange Zeit blieb der Planet ein rätselhaftes Objekt. Auf dem grünlichen Scheibchen zeigten sich in irdischen Teleskopen kaum Details. Die Astronomen wußten aber, daß er zur Klasse der Gasplaneten gehört, mindestens fünf Monde besitzt und von einem Ringsystem umgeben ist, das am 13. März 1977 gefunden wurde – auf den Tag genau 196 Jahre nach seiner Entdeckung durch Herschel. Heute ist Uranus längst kein »gesichtsloser« Himmelskörper mehr. Seine Ringe bestehen aus neun einzelnen Komponenten, und die Zahl seiner Satelliten hat sich auf 18 erhöht. Diese Erkenntnisse verdanken wir der Raumsonde ›Voyager 2‹. Im Januar 1986 flog sie am Uranus vorbei.

Eine glatte blaugrüne Kugel schimmert auf den Bildern, weil das Methangas in der tieferen Atmosphäre den roten Anteil des Sonnenlichts verschluckt. Die höher liegende Hülle besteht aus Wasserstoff und Helium. Die Wolkenbänder sind bei weitem nicht so stark ausgeprägt wie auf Jupiter und Saturn. Als einziger Planet besitzt Uranus Polgebiete, die wärmer sind als die Gegenden am Äquator. Und ein weiteres Kuriosum zeichnet den Urvater der griechischen Götter aus. Seine Rotationsachse ist um etwa 98 Grad geneigt, das heißt:

Uranus »wälzt« sich um die Sonne wie ein Rad auf einer Schiene. Jeder der beiden Pole wird abwechselnd für jeweils 42 Jahre von der Sonne beschienen – und versinkt während derselben Zeit in völliger Finsternis. Der Planet dreht sich in 17 Stunden und 14 Minuten einmal um die eigene Achse. Ungefähr in diesem Rhythmus sendet sein gleichfalls stark gekipptes Magnetfeld elektromagnetische Signale aus. Im Inneren der über dem Äquator 51 118 Kilometer messenden Kugel vermuten die Experten keinen festen Kern, sondern einen Ozean aus heißem Wasser und geschmolzenem Gestein.

Wasser ist das Element des Meergottes Neptun. Die Griechen konnten nicht ahnen, daß im Herzen des nach ihm benannten Planeten dieses Element dieselbe Rolle spielt wie im Uranus. Beide Körper sind wohl identisch aufgebaut. Überhaupt ähneln sie sich, auch was Durchmesser (Neptun: 49 528 Kilometer am Äquator), Rotationszeit (16 Stunden und 7 Minuten) sowie Färbung und Zusammensetzung der Gasatmosphäre betrifft. Die Wolkenhülle ist jedoch turbulenter. Wie es sich für den Gebieter der Meere geziemt, toben darin Stürme mit Geschwindigkeiten bis zu 2100 Kilometern in der Stunde. ›Voyager 2‹ fotografierte im Sommer 1989 den Neptun aus der Nähe. Neben dunklen Ovalen und hellen Wolkenzirren war der Große Dunkle Fleck (GDF) die auffälligste Struktur, ein erdgroßer Wirbelsturm in der Südhemisphäre des Planeten. Auf Bildern, die das Weltraumteleskop ›Hubble‹ fünf Jahre später lieferte, war der GDF verschwunden. Vier einzelne Ringe umgeben den Neptun, der – im Gegensatz zu Uranus – von einem inneren »Ofen« angeheizt wird, wie wir ihn von Jupiter und Saturn kennen. Wegen der großen Entfernung von 4,5 Milliarden Kilometern leuchtet die Sonne vom pechschwarzen Himmel über Neptun und seinen acht bekannten Monden nur als heller Stern. Triton heißt der größte Trabant. Eine dicke Eiskruste aus gefrorenem Wasser, Stickstoff, Methan und Ammoniak überzieht die Kugel. Schwarze Rauchsäulen steigen auf und treiben in der hauchdünnen Atmosphäre. Die Forscher erklären die Eruptionen als eine Art Geysire. Sie sollen flüssigen Stickstoff nach oben schleudern und dabei dunkles Material aus dem Boden mitreißen. Triton besitzt eine der kältesten Oberflächen im Planetensystem: –236 Grad.

Neptun wurde am 23. September 1846 von dem Berliner Astronomen Johann Gottfried Galle gefunden. Zuvor hatte der Franzose Urbain Joseph Leverrier seinen Ort am Himmel vorausgesagt – allein mit Hilfe des Gravitationsgesetzes aus beobachteten Bahnstörungen des Uranus. Auch der Engländer John Couch Adams hatte unabhängig von Leverrier die Position auf dem Papier richtig berechnet. Die Himmelsmechanik feierte damit ihren bisher größten Triumph. Mit Neptun hat das Sonnensystem in der Mitte des 19. Jahrhunderts eine beachtliche Größe angenommen. Gemeinhin gilt zwar der 1930 von dem Amerikaner Clyde Tombaugh entdeckte Pluto als äußerster Planet. Doch wegen seiner elliptischen Bahn war Neptun bis zum 10. Februar 1999 ein wenig weiter von der Sonne entfernt. Pluto wird die Rolle als planetarer Grenzstein nun wieder bis zum Jahr 2226 innehaben.

Es ist ein seltsames Objekt, das da tief im Weltraum einmal in knapp 248 Jahren um die Sonne zieht. Mit einem Durchmesser von 2300 Kilometern ist Pluto kleiner als viele Planetentrabanten, einschließlich unseres Erdmondes. Kein Raumfahrzeug hat seine bitterkalte Eisoberfläche bisher gesehen. ›Hubbles‹ scharfes Auge konnte immerhin dunkle und helle Flecken fotografieren. In Sonnennähe scheint die Kugel eine dünne Atmosphäre aus Stickstoff und Methangas zu umgeben, in Sonnenferne schlägt sie sich wegen der Kälte als Rauhreif nieder. Die NASA möchte 2001 die Sonde ›Pluto Express‹ auf die 13jährige Reise zu der fernen Welt schicken. Dabei soll auch der Mond Charon erforscht werden, der etwa halb so groß ist wie Pluto selbst. Aufgrund dieses ungewöhnlichen Größenverhältnisses sprechen die Astronomen von einem »Doppelplaneten«.

Aber gehört der winzige Pluto überhaupt zu den Planeten? Seine Bahn ist nicht nur sehr elliptisch, sondern mit 17 Grad die am stärksten geneigte aller Planeten. Außerdem stehen die Umlaufzeiten von Neptun und Pluto im Verhältnis zwei zu drei. Mit anderen Worten: Drei Neptun- entsprechen zwei Plutojahren. Dies alles gewinnt Bedeutung vor dem Hintergrund einer Entdeckung, die im Jahr 1992 gelang. Damals fanden Wissenschaftler das Objekt 1992 QB1. Das war der erste Bewohner des Kuipergürtels. Bereits in den fünfziger Jahren hatte Gerard Kuiper behauptet, es gebe jenseits des Neptun eine Zone, in der es von kosmischen Kleinteilen nur so wimmelt. Zu diesem »Schutt« sollten Kometenkerne ebenso zählen wie Planetoiden. Heute kennen wir mehr als achtzig Geschwister von 1992 QB1 mit Durchmessern zwischen hundert und 600 Kilometern. Etwa die Hälfte hat Umlaufzeiten, die zu jener des Neptun im Verhältnis zwei zu drei stehen. Auch kommen Bahnen mit der großen Halbachse von Pluto sehr häufig vor. Solche Objekte heißen Plutinos. Der Name sagt eigentlich alles: Immer mehr Forscher halten Pluto selbst für den Prototyp dieser Klasse! Am Rande des Sonnensystems, im Reich der ewigen Finsternis, tummelt sich eine merkwürdige Gesellschaft aus Planetoiden, Plutinos und Kometenkernen. Oder verbergen sich hinter den Plutinos vielleicht so etwas wie »schlafende« Kometenkerne?

Kometen sind schon seit Jahrtausenden bekannt. Daß es im Sonnensystem aber noch mehr »Kleinzeug« gibt, das erfuhren die Menschen am ersten Tag eines neuen Jahrhunderts. Zunächst allerdings standen sie vor einem Rätsel. In der Nacht des 1. Januar 1801 beobachtete Guiseppe Piazzi, Direktor des

Observatoriums auf Sizilien, ein neues Sternchen. Er hielt es, wie einige Jahre vor ihm Herschel, für einen Schweifstern. Doch die Aufregung war groß, als sich Ceres als Planet verriet. Und sie wuchs, als der Bremer Amateurforscher Wilhelm Olbers einen weiteren entdeckte. Knapp zweieinhalb Jahre später gab es schon drei: Ceres, Pallas und Juno. Das konnten keine ausgewachsenen Himmelskörper sein. Die Wissenschaftler nannten sie Kleinplaneten, eingebürgert haben sich auch die Bezeichnungen Planetoiden und Asteroiden.

Die kugelförmige Ceres – benannt nach der römischen Göttin der Feldfrucht – ist mit tausend Kilometern Durchmesser die größte Vertreterin dieser »klassischen« Kleinplaneten. Sie bevölkern den Bereich zwischen Mars und Jupiter. Früher dachten die Astronomen, sie seien Überreste eines zerplatzten Planeten. Im Gegenteil scheinen sie aber eher Baumaterial zu sein, das bei der Geburt des Sonnensystems übrigblieb und sich wegen der Schwerkraft des benachbarten Riesen Jupiter niemals zu einem größeren Himmelskörper zusammenklumpen konnte. Die Gesamtzahl der Asteroiden schätzen die Fachleute auf einige Milliarden. Lediglich an die 10 000 haben sie bis heute in den Katalogen verzeichnet.

Die weitaus meisten Planetoiden sind von unregelmäßiger Gestalt und nur wenige Kilometer groß. Sie sehen aus wie die kleineren Monde der Gasplaneten. Die ›Galileo‹-Sonde ist auf ihrer Exkursion zum Jupiter an den beiden Objekten Gaspra und Ida vorbeigekommen; Ida wird sogar von einem winzigen Mond umkreist. Manche Kleinplaneten, zum Beispiel die Mitglieder der Apollo-Familie, kreuzen die Erdbahn. Am frühen Abend des 19. Mai 1996 raste ein etwa 200 Meter großer Gesteinsbrocken um Haaresbreite an unserem Planeten vorbei. Zwar trennten uns immer noch 450 000 Kilometer von 1996 JA1. Wäre er aber nur vier Stunden früher zur Stelle gewesen, wäre er vermutlich in den Pazifischen Ozean gestürzt und hätte eine gewaltige Flutwelle ausgelöst.

Unser Planet hat im Lauf seiner gut viereinhalb Milliarden Jahre langen Geschichte so manche Narbe abbekommen. Rund 150 Krater haben die Fachleute bisher gefunden. Über die meisten ist im Wortsinn Gras gewachsen. In einem, dem Nördlinger Ries, haben sich Menschen angesiedelt. Vor 15 Millionen Jahren bohrte sich nahe Klosterzimmern ein kosmisches Geschoß mit unvorstellbarer Wucht in das fränkische Juragebirge. Als greller Feuerball muß der etwa einen Kilometer große Steinbrocken über das Firmament gedonnert sein. Drei Hundertstel Sekunden nach dem Aufprall explodierte er mit der Energie von 1,2 Millionen Hiroshima-Bomben. Wenige Minuten nach dem Inferno war ein Krater von 25 Kilometer Durchmesser entstanden, waren 6500 Quadratkilometer Land verwüstet, war das Leben in der Region vernichtet.

Die Apokalypse aus dem All kann jederzeit wieder über die Menschheit hereinbrechen. Die statistische Wahrscheinlichkeit dafür ist keineswegs so gering, wie man glauben mag. Schätzungsweise trifft alle 10 000 Jahre eine »Bombe« der Hundert-Meter-Klasse die Erde. Dabei wird ein etwa fünf Kilometer großer Krater aus dem Boden gesprengt. Je nach Ort des Aufpralls kämen heute bis zu einer Million Menschen ums Leben. Der Einschlag eines zwei oder drei Kilometer großen Brockens dagegen würde eine globale Katastrophe auslösen und Millionen Menschen direkt töten. Billiarden Tonnen in die Atmosphäre hochgewirbelter Aerosole verdunkelten den Himmel. Eine Art nuklearer Winter hätte den blauen Planeten fest im Griff, Hungersnöte und Epidemien wären die Folge. Ein solches »Armageddon« erwarten die Astronomen alle 300 000 Jahre – statistisch gesehen wohlgemerkt!

Erst in den vergangenen Jahren ist die durchaus reale Möglichkeit kosmischer Verkehrsunfälle zunehmend ins Bewußtsein der Öffentlichkeit gerückt. Entscheidend dazu beigetragen haben wohl zwei Erscheinungen, die im Frühjahr 1996 und 1997 nicht nur das Geschehen am Firmament bestimmten, sondern in den Medien Schlagzeilen machten: die Kometen Hyakutake und Hale-Bopp. Im Altertum galten die geschweiften Boten als Unglücksbringer. »Meistens ist ein solcher Stern ein erschreckendes Ereignis und seine Vorbedeutung nicht leicht abzuwenden«, schreibt der römische Forscher Plinius um das Jahr 60. Damit wußte er mehr als Aristoteles, der die Kometen nicht für Himmelskörper, sondern für Dämpfe aus irdischen Sümpfen und Höhlen hielt, die von der Sonne entzündet werden und in große Höhen aufsteigen. Sie sollten vor allem im Zusammenhang mit Hitze, Trockenheit und folglich Mißernten und Hungersnöten erscheinen. So half Aristoteles mit, den Boden für die Kometenfurcht zu bereiten, die im 15. und 16. Jahrhundert ihren Höhepunkt erreichte.

Edmond Halley brachte Licht ins Dunkel dieser Grauzone von Aberglaube und Magie. Zuvor hatte unter anderem Tycho Brahe den großen Schweifstern von 1577 als Himmelskörper entlarvt, der weit jenseits der Mondbahn seine Kreise zieht. Aber waren es wirklich Kreise im mathematischen Sinn? Oder wenigstens Ellipsen? Dann sollten die »erschröcklichen Zeichen« regelmäßig wiederkehren. Halley untersuchte die Kometen der Jahre 1531, 1607 und 1682. Es mußte ein und dasselbe Gestirn sein, das da alle 75 oder 76 Jahre an der Erde vorbeizog. Das nächste Rendezvous sollte demnach um das Jahr 1758 über die Himmelsbühne gehen. Am 25. Dezember 1758 entdeckte der sächsische Landwirt und Liebhaberastronom Johann Georg Palitzsch im Sternbild der Fische einen verschwommenen Lichtklecks ... Edmond Halley erlebte diesen Erfolg nicht mehr, er starb 85jährig im Januar 1742.

Die Kometen waren Teil des mechanischen Getriebes geworden, das die Alten Kosmos nannten. Die experimentell-mathematische Methode ließ die Forscher jetzt die richtigen Fragen stellen. Um die Mitte des 19. Jahrhunderts entwickelten Robert Kirchhoff und Robert Wilhelm Bunsen die bereits beschriebene Spektralanalyse (siehe Seite 52). Detektiven gleich identifizierten die Astronomen im zerlegten Licht damit die Fingerabdrücke der chemischen Elemente, die sich in fernen Himmelskörpern verbergen. Am Kometen von 1858 erkannte Giovanni Battista Donati, daß der fächerförmige, gelb schimmernde Schweif offenbar aus winzigen Staubkörnchen besteht und das Sonnenlicht reflektiert. Der gerade verlaufende, blaue Schweif dagegen setzt sich aus Gaspartikeln zusammen und leuchtet selbst.

Kometen sind mehrere Kilometer große schmutzige Eisberge. Zu den wichtigsten Baustoffen gehören Wassereis, Kohlendioxid, Ammoniak, Methan und Staub. Auf ihrer Reise Richtung Sonne tauen die Kometen allmählich auf. Eis und Gas verdampfen, Staub- und Gasfontänen spritzen aus dem Kern und vernebeln ihn mit einer Hunderttausende von Kilometern großen Hülle (Koma). Im Teleskop erscheint der Himmelskörper jetzt als schwach glimmendes Fleckchen. Viele Kometen entwickeln bei weiterer Annäherung an unser Tagesgestirn einen Schweif. Die Experten unterscheiden zwei Komponenten: Der Druck des Sonnenlichts erzeugt den Staubschweif, der Sonnenwind – elektrisch geladene Elementarteilchen – den Gasschweif. Beide »Fahnen« zeigen stets von der Sonne weg. Bei Hale-Bopp waren sie besonders schön ausgeprägt.

Unabhängig voneinander hatten die Amerikaner Alan Hale und Thomas Bopp im Juli 1995 in der Konstellation Schütze ein verwaschenes Nebelchen entdeckt. Vor allem Amateure spüren jährlich gut ein Dutzend neue Kometen auf. Der Fund war also keineswegs ungewöhnlich. Der Gleichmut der Experten verwandelte sich in Erstaunen, als die ersten Bahndaten vorlagen. Danach war Hale-Bopp bei seiner Entdeckung etwa eine Milliarde Kilometer von der Erde entfernt. In dieser gewaltigen Distanz erscheint ein gewöhnlicher Komet wegen seiner geringen Helligkeit allenfalls auf Bildern großer Teleskope. Hale-Bopp dagegen war schon in Amateurfernrohren zu sehen. Der Himmelskörper mußte ungewöhnlich groß und aktiv sein. Die Voraussage der Fachleute sollte sich bestätigen.

Im Frühjahr 1997 gab der Schweifstern eine glanzvolle Vorstellung auf der Himmelsbühne. Seinen geringsten Abstand zur Sonne erreichte er am 1. April mit knapp 137 Millionen Kilometern. In den folgenden Wochen erstreckte sich sein Gasschweif rund zwanzig Grad (vierzig Vollmonddurchmesser) über das Firmament. Hale-Bopp besaß die drittgrößte absolute Helligkeit aller jemals beobachteten Kometen. Niemals zuvor war einer so lange mit bloßem Auge sichtbar – zwölf volle Monate. Und niemals zuvor hat ein Komet ein so fürchterliches Unglück ausgelöst: Weil sie zu einem im Schweif von Hale-Bopp angeblich verborgenen Ufo aufsteigen wollten, begingen 39 Angehörige der amerikanischen Sekte »Heaven's Gate« kollektiv Selbstmord.

Im Herbst 1998 erschien der Vagabund am Südhimmel immer noch im Feldstecher. Da war er von der Erde schon wieder genauso weit entfernt wie bei seiner Entdeckung. Da Hale-Bopp zu den langperiodischen Kometen gehört, treibt der fünfzig Kilometer große Eisberg eines Tages erneut ins innere Planetensystem. Bis zu diesem nächsten Stelldichein am irdischen Firmament dauert es aber noch ungefähr 2300 Jahre.

Alexander von Humboldt war begeistert: »Tausende von Feuerkugeln und Sternschnuppen fielen hintereinander eine Stunde lang«, schrieb er im November 1799. Das Schauspiel, das der deutsche Naturforscher von Venezuela aus verfolgte, hatte ebenfalls mit Kometen zu tun. Aber nicht etwa Schweifsterne zogen über das Firmament, sondern die winzigen Bruchstücke eines einzigen Kometen namens Tempel-Tuttle. Erst im Jahr 1867 verstand der durch die »Marskanäle« bekannt gewordene italienische Astronom Giovanni Domenico Schiaparelli diesen Zusammenhang.

Schon die Gelehrten der Antike kannten Sternschnuppen. Sie hielten sie – wie die Kometen – für Erscheinungen innerhalb der Lufthülle und nannten sie Meteore. Diese Leuchtspuren entstehen, wenn kosmische Geschosse von der Größe eines Staubkorns mit Geschwindigkeiten bis zu 250 000 Kilometern pro Stunde in die Erdatmosphäre hineindonnern und sich dabei erhitzen. Der feurige Ritt der Meteoroiden endet meist in achtzig Kilometern Höhe. Nur die Schwergewichtigen überstehen den rasend schnellen Flug und stürzen als Meteoriten zur Erde. Pro Jahr hageln an die 20 000 mit einem Gewicht von jeweils mehr als hundert Gramm herab. Obwohl manche Hausdächer durchschlagen oder den Kofferraum von Autos zertrümmern, blieben Menschen bisher unverletzt. Je nach chemischer Zusammensetzung unterscheiden die Fachleute drei Typen: Eisen- und Steinmeteorite sowie eine Mischung von beiden. Erst im 18. Jahrhundert erkannten Wissenschaftler die außerirdische Natur der Brocken. Die weitaus meisten stammen aus dem Planetoidengürtel zwischen Mars und Jupiter. Einige wurden beim Aufprall großer Trümmer aus Mond und Mars herausgeschleudert und gelangten schließlich auf die Erde. Ein Teil steckte einst in Kometen wie Tempel-Tuttle. Wie aber können sie in die Atmosphäre eindringen?

In Sonnennähe verlieren Kometen Substanz. Nach den Gesetzen der Himmelsmechanik bleiben die abgelösten Teilchen in der Spur und verteilen sich entlang des Umlaufpfads. Durchkreuzt die Erde auf ihrer Jahresreise um die Sonne eine solche Sandbahn, prasseln die Partikel wie Schrotkügelchen auf sie herab. Alle scheinen von einem bestimmten Punkt (Radiant) am Himmel herzukommen – wie die Flocken, die während einer Autofahrt durch einen dichten Schneesturm vor der Windschutzscheibe auftauchen. Die Sternschnuppen, die der Komet Tempel-Tuttle in den Weltraum streut, haben ihren Radiant im Löwen (lat. *leo*); daher heißen sie Leoniden.

An die zwanzig Meteorströme ergießen sich pro Jahr über die Erde, darunter die bekannten Perseiden (»Laurentiustränen«) Mitte August.

Zurück zu den Leoniden. Weil Tempel-Tuttle eine Umlaufperiode von etwa 33 Jahren hat, tritt alle 33 Jahre ein besonders ergiebiger Schauer auf. Für großen Medienrummel sorgten die Leoniden, die in den Abendstunden des 17. November 1998 fallen sollten.

Das kosmische Feuerwerk zündete jedoch viel spärlicher, als von den Experten vorausgesagt. Die Menschen in Ostasien, Japan und Australien – zuvor als beste Beobachtungsgegenden gepriesen – sahen nur relativ wenige Meteore. Immerhin huschten zum Beispiel über dem Atlantik stündlich an die 200 bis 300 Sternschnuppen über das Firmament. Abergläubischen wird es schwergefallen sein, mit dem Wünschen nachzukommen.

Glühende Gasbälle

Sie gehört zu den meistfotografierten Motiven. Als glutrote Feuerkugel wirft sie ihre Strahlen über die gleißende Oberfläche des Meeres, beleuchtet den milchig schimmernden Horizont einer Gebirgslandschaft oder versinkt hinter der schwarzen Silhouette mächtiger Palmen: die Sonne. So friedlich sie auf Kalenderfotos oder Urlaubsdias erscheinen mag, so ungestüm ist sie in Wirklichkeit. Ein brodelnder Ballon, der Gas spuckt und elektrisch geladene Teilchen in den Weltraum bläst – und der scheinbar unbegrenzte Mengen von Licht und Wärme spendet. Die Sonne treibt die Wettermaschine an und liefert die Energie für die Photosynthese der Pflanzen und damit für Tiere und Menschen. Die Sonne ist der Stern, von dem wir leben. Doch wovon lebt sie selbst?

Wir haben schon gesehen, daß Sterne aus Gas- und Staubnebeln geboren werden. Vor etwa 4,6 Milliarden Jahren hat eine dieser Brutstätten auch unsere Sonne hervorgebracht. Im Herzen des Gasballs kletterte die Temperatur auf 15 Millionen Grad. Der Druck stieg auf das 250milliardenfache des Luftdrucks, wie er heute auf der Erdoberfläche herrscht. Bei diesen unvorstellbaren »klimatischen« Verhältnissen zündete der Fusionsreaktor. Er ist die Quelle des Sternenlichts. Alle Pünktchen, die in einer klaren Nacht vom Himmel strahlen, werden vom selben Mechanismus gespeist – mit Ausnahme der Planeten, die das Licht der Sonne lediglich reflektieren. Das Firmament ist also übersät mit kosmischen Kernkraftwerken.

Das wissen die Astronomen erst seit Anfang unseres Jahrhunderts. Den Durchbruch schaffte Albert Einstein 1905 mit seiner Speziellen Relativitätstheorie. Danach sind Masse und Energie im Prinzip dasselbe und können ineinander umgewandelt werden. Diesen Zusammenhang beschreibt die wohl berühmteste Formel der modernen Physik: $E = mc^2$ (Energie ist gleich Masse mal Lichtgeschwindigkeit im Quadrat). Gelänge es uns beispielsweise, ein Gramm Materie vollständig in Energie zu verwandeln, erhielten wir eine Leistung von 25 Millionen Kilowattstunden. Damit würde eine Hundert-Watt-Glühbirne 28 500 Jahre lang brennen.

In der Sonne gibt es genug Materie. Sie besitzt zwar nur eine mittlere Dichte von 1,4 Gramm pro Kubikzentimeter (Wasser: 1 Gramm pro Kubikzentimeter), hat jedoch einen Durchmesser von knapp 1,4 Millionen Kilometern. Im Inneren dieser gigantischen Gaskugel hätten 1,3 Millionen Erden Platz. Ihre Masse übertrifft jene unseres Planeten um nicht weniger als das 330 000fache. Was aber passiert in dem solaren Kraftwerk? Die Sonne besteht hauptsächlich aus Wasserstoff und Helium. Wasserstoff ist das einfachste Element. Ein positiv geladenes Proton bildet den Kern, den ein negativ geladenes Elektron umläuft.

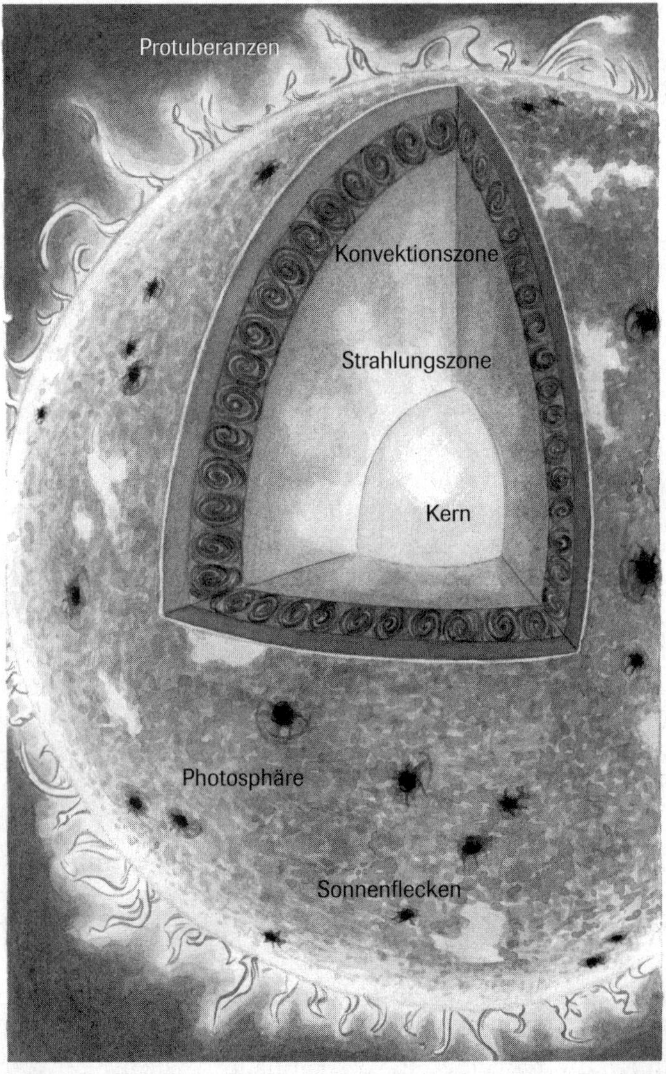

Einen Blick in den solaren Glutofen erlaubt diese schematische Zeichnung der Sonne. Der Fusionsreaktor im Kern verwandelt Wasserstoff in Helium. Die erzeugte Energie gelangt über Strahlung und Konvektion an die Oberfläche.

Bei hohem Druck und hoher Temperatur pulsieren die Atome im Herzen der Sonne und prallen ständig mit extrem großen Geschwindigkeiten aufeinander. Zwei kollidierte Protonen verwandeln sich dabei in einen Kern des Elements Deuterium, der aus einem Proton und einem elektrisch neutralen Neutron aufgebaut ist. Stößt dieser Deuterium-Verbund mit einem weiteren Proton zusammen, bildet sich das Isotop Helium 3; es enthält zwei Protonen und ein Neutron. Prallen zwei solcher Kerne aufeinander, entsteht schließlich das stabile Helium 4. Es setzt sich aus zwei Protonen und zwei Neutronen zusammen. Zwei Protonen sind bei dem atomaren »Unfall« davongeflogen.

Im Lauf der beschriebenen atomaren Reaktion sind insgesamt vier Wasserstoffkerne zu einem Heliumkern verschmolzen. Während des Prozesses wird Energie in Form von Strahlung frei – Strahlung, von der wir leben. Zwar gelingt es dem solaren Ofen aus physikalischen Gründen nicht, Masse vollständig in Energie zu verwandeln. Aber der erzielte Wirkungsgrad ist doch beträchtlich. Die Fusion von einem Gramm Wasserstoff zu Helium liefert 180 000 Kilowattstunden. Die Sonne ist kein Perpetuum mobile. Kurz: Was als Energie herauskommt, muß als Materie hineingesteckt werden. Das geht unserem Tagesgestirn an die Substanz. Um vier Millionen Tonnen magert es in jeder Sekunde ab, 130 Billionen Tonnen pro Jahr!

Ängstliche Zeitgenossen könnten jetzt fürchten, daß die Sonne bald ausgebrannt sein wird und damit alles irdische Leben mit in den Kältetod reißt. Tatsächlich ist das Massenreservoir gewaltig, wenngleich nicht unerschöpflich. Die Sonne hat bisher etwa 37 Prozent des in ihrem Inneren kurz nach der Geburt vorhandenen Wasserstoffs verbraucht. Trotzdem wird sie noch eine unvorstellbar lange Zeit unvermindert stark vom Himmel strahlen. Erst in fünf oder sechs Milliarden Jahren kommt es nach Schätzung der Astrophysiker zu gravierenden Störungen des Reaktors. Den Leser mag es verblüffen, daß die Erde dann nicht am Kälte-, sondern am Hitzetod sterben wird. Davon später mehr.

Bleiben wir zunächst bei der »gesunden« Sonne. Betrachten wir sie mit bloßem Auge durch ein geeignetes Filter, sehen wir einen scharf begrenzten Ball. Das Bild wandelt sich während einer totalen Sonnenfinsternis. Ein diffuser Strahlenkranz mit ausgefranstem Rand umhüllt dann die verdeckte Scheibe. Einen ähnlichen Anblick böte die unverfinsterte Sonne, wären unsere Augen für Radiowellen empfindlich. Im Ultravioletten oder im Bereich der Röntgenstrahlen sieht die Sonne wieder anders aus. Mit dem Licht ändert sich auch ihr Antlitz. Die für uns sichtbare Strahlung stammt aus einer nur 350 Kilometer dünnen Schale, der sogenannten Photosphäre. Auf sie bezieht sich der oben genannte Sonnendurchmesser von 1,4 Millionen Kilometern. Verglichen mit dem 15 Millionen Grad heißen Zentrum ist die Photosphäre mit 5500 Grad geradezu erfrischend kühl. (In der Stellarastronomie werden Temperaturen grundsätzlich in Kelvin ausgedrückt. Null Grad Celsius entsprechen 273,15 Kelvin. Den Angaben in diesem Buch liegt jedoch die populäre Celsius-Skala zugrunde. Dabei ist zu beachten, daß die Werte ohnehin nicht aufs Grad genau angegeben werden können und die Differenz der unterschiedlichen Skalen bei den hohen Temperaturen kosmischer Objekte praktisch nicht ins Gewicht fällt.)

Die Photosphäre ist keineswegs glatt wie die Gummihaut eines Ballons. Vielmehr blubbert und brodelt es in ihr: Einige hundert Kilometer große Gaspakete, Granulen genannt, treiben in der Lichthülle und überziehen sie mit einem Muster, das dichtgestreuten Maiskörnchen ähnelt. In den hellen Granulen kocht die heiße Materie aus tieferen Schichten hoch. In den dunkleren Zwischenräumen sinkt sie wieder nach unten. Die Granulation ist in ständiger Bewegung, durchschnittlich leben die einzelnen Körnchen acht Minuten, bevor sie durch neue ersetzt werden. Das Auf und Ab der Granulation paßt gut zu den Modellen vom inneren Aufbau der Sonne. Der Kern erstreckt sich über 25 Prozent des Radius. Die in ihm erzeugte Energie wird in alle Richtungen zunächst als Gammastrahlung ausgesendet. Der Weg nach draußen ist lang und beschwerlich. Ständig ecken die Gammawellen irgendwo an, werden von ihrem Kurs abgelenkt, verschluckt und wieder ausgestrahlt. Dabei büßen sie Energie ein. Haben sie etwa 75 Prozent des Sonnenradius zurückgelegt, ist zunächst Schluß. Den Energietransport übernimmt von nun an die Konvektion: Heiße Materieballen steigen auf, kühlere sinken ab – wie die Luftpakete über einem Heizkörper. Das sehen wir als Granulation. Rund 180 000 Jahre dauert es, bis die im Fusionsreaktor erzeugte Energie endlich in den Weltraum gelangt.

Unsere Sonne wäre so einfach zu verstehen, wäre da nicht ein kleiner Schönheitsfehler: die Sonnenflecken. Schon mehr als tausend Jahre vor der Entdeckung mit dem Fernrohr durch Galilei, Scheiner, Fabricius und Harriot beobachteten die Chinesen mit bloßem Auge dunkle Gebiete auf dem Gasball. Im Teleskop sahen die europäischen Forscher um 1611 diese Flekken von Osten nach Westen über die Sonnenscheibe ziehen. Manche wachsen aus schwarzen Punkten heran. Daraus schließen die Astronomen, daß sich das Gestirn um die eigene Achse dreht. Am Äquator sind es 25, an den Polen fast 31 Tage. Die Experten bezeichnen dies als differentielle Rotation.

Die Flecken verraten aber auch viel über die Beschaffenheit der Sonne, denn sie sind Zeichen, daß auf dem Stern nicht alles ungestört abläuft. Innerhalb eines Flecks hat sich die Photosphäre um etwa 2000 Grad abgekühlt. Im Kontrast zur ungestörten Lichthülle erscheint er dunkel. Die innerste Zone bildet die Umbra mit einem Durchmesser von bis zu 30 000 Kilometern. Der angrenzende graue Hof wird Penumbra genannt und bis zu 60 000 Kilometer groß. Im Jahr 1908 bemerkte George Ellery Hale, daß die Sonnenflecken eng mit starken Magnetfeldern verbunden sind. Damit spürte Hale als erster einem Rätsel nach, das die Astronomen heute mindestens genauso stark beschäftigt wie damals.

Magnetfelder sind grundlegende Phänomene. Sie treiben offenbar die meisten Aktivitäten der Sonne an. Wenn sie an bestimmten Stellen den Energietransport in der Photosphäre behindern, kühlt diese lokal ab. So entstehen die Flecken. Aus deren Umbren treten die Magnetfeldlinien wie in einem Flaschenhals gebündelt aus. Die Flasche reicht weit unter die Oberfläche. Dort bilden dünne magnetische Flußröhren ein dichtes Netz, mit dem sie Gasmassen einfangen und in die Tiefe reißen. Die Zahl der Sonnenflecken schwankt im elfjährigen Rhythmus. Und alle elf Jahre kehrt sich die Polarität der Flecken um: Ist beispielsweise zu Beginn des Zyklus auf der nördlichen Halbkugel der vorangehende Sonnenfleck ein magnetischer Nordpol, so ist auf der südlichen Hemisphäre der nachfolgende ebenfalls ein Nordpol. Elf Jahre später sind die Verhältnisse gerade vertauscht und gleichen nach weiteren elf Jahren wieder jenen zu Beginn der Periode. Der vollständige magnetische Zyklus dauert also 22 Jahre. Warum, darüber zerbrechen sich die Fachleute immer noch die Köpfe.

Der amerikanisch-europäische Satellit ›Soho‹ hat in unser Tagesgestirn hineingehorcht. 1,5 Millionen Kilometer von der Erde entfernt stationiert, späht er von seinem Logenplatz im Weltraum rund um die Uhr zur Sonne. Einige der Instrumente an Bord registrierten Schallwellen, die auf- und absteigende Gase innerhalb der solaren Konvektionszone erzeugen. Ähnlich wie Erdbebenwellen verraten auch diese Sonnenwellen etwas über die Umgebung, aus der sie stammen. Die Helioseismologen haben herausgefunden, daß die Sonne in allen möglichen Rhythmen schwingt wie die Membran eines Lautsprechers. Darüber hinaus scheint die gesamte Konvektionszone ähnlich zu rotieren wie die Sonnenoberfläche. Ein Punkt am Äquator vollendet einen Umlauf demnach schneller als einer an den Polen. In tieferen Schichten jedoch, wo die Strahlung den Energietransport regiert, dreht sich die Materie gleichmäßig wie ein starrer Körper etwa alle 26 Tage und acht Stunden. Der Übergang vom starren zum differentiellen Rotationssystem erfolgt abrupt. An der Grenzfläche kommt es innerhalb der turbulenten Materie zu starken Strömungen und Gegenströmungen. Offenbar entstehen in diesem Bereich die Magnetfelder, die letztlich den Sonnenzyklus antreiben.

Im April 1998 meldeten Wissenschaftler Sensationelles: Mit einer Art »Radarpistole« hatte ›Soho‹ den Stern ins Visier genommen und dabei Materie beobachtet, die mit einer Geschwindigkeit von 500 000 Kilometern pro Stunde durch die Atmosphäre tobt – tausendmal schneller als irdische Wirbelstürme. Die Sonnentornados reißen heißes Gas in Spiralen nach oben und beschleunigen es dabei. Daß unser Tagesgestirn Gas speit, wissen die Forscher seit langem. Bei totalen Sonnenfinsternissen oder in speziellen Instrumenten erscheinen die sogenannten Protuberanzen. Wie Feuerbögen wölben sie sich entlang starker Magnetfelder bis zu einer Höhe von mehreren hunderttausend Kilometern über den Glutball. In manchen Protuberanzen spritzen ungeheure Mengen von Wasserstoffgas ins All. Und immer wieder zucken Flares durch die Atmosphäre. Diese Strahlungsausbrüche lassen die Sonne im wahrsten Sinne erzittern und heizen die Oberfläche auf. Die Bebenwellen breiten sich auf dieser aus wie die Wellen auf der Oberfläche eines Sees, wenn wir einen Stein ins Wasser werfen.

Das »Wetter« auf dem 150 Millionen Kilometer entfernten Stern beeinflußt auch die Erde. Hin und wieder schleudert die Sonne Milliarden Tonnen schwere Wolken elektrisch geladener Teilchen aus ihrer obersten Atmosphäre. Koronale Massenauswürfe nennen die Experten solche Eruptionen. Mit einer Geschwindigkeit von Millionen Kilometern pro Stunde rasen die Wolken durch den Weltraum. Wenn sie Tage später auf das Magnetfeld unseres Planeten treffen, zaubern sie flackernde Polarlichter ans irdische Firmament. Sie können aber auch in elektrischen Freileitungen für Überspannungen sorgen, den Kurzwellenfunkverkehr stören oder die Elektronik von Satelliten durcheinanderbringen. ›Soho‹ dient unter anderem als Frühwarnsystem. Täglich sagen die Wissenschaftler aus seinen Daten das Sonnenwetter voraus. Braut sich ein »Gewitter« zusammen, werden die Betreiber von Satelliten oder Elektrizitätswerken gewarnt.

Selbst in ruhigen Zeiten ist die Sonne mehr oder weniger aktiv. Der Korona entströmen ständig elektrisch geladene Partikel. Der Sonnenwind aus Elektronen, Protonen und Heliumkernen (Alphateilchen) weht mit einer Geschwindigkeit von 1,4 Millionen Kilometern in der Stunde. Bisweilen frischt er zu einem Sturm mit Böen von doppeltem Tempo auf. Die Sonnensonde ›Ulysses‹ hat Mitte der neunziger Jahre herausgefunden, daß der Wind vor allem aus der Atmosphäre über den Äquatorgegenden bläst, während der Sturm den Polarregionen entstammt. In jedem Fall entweichen die Teilchen wie durch Düsen aus Löchern innerhalb der Korona.

Mit einer Temperatur von etwa zwei Millionen Grad ist der solare Strahlenkranz ungewöhnlich heiß. Welcher Mechanismus steckt dahinter? Bis vor wenigen Jahren dachten die Astrophysiker, Schallwellen aus der Photosphäre und der darüber liegenden Schicht (Chromosphäre) würden die Korona aufheizen. ›Soho‹ hingegen ortete eine Art magnetischen Teppich, der sich über die gesamte Sonnenoberfläche ausbreitet. Er ist aus Zehntausenden Magnetschleifen geknüpft. Ständig brechen welche auf und wabern über die Oberfläche. Verschmelzen nun unterschiedlich gepolte Fäden miteinander, werden große Energiemengen frei. Auf diese Weise fungiert der Teppich quasi als Heizkissen. So transparent die Sonne im Licht moderner Forschung erscheinen mag, so viele Rätsel birgt sie noch in sich. Das größte ist das der Neutrinos. Diese Teilchen entstehen in großen Mengen als Abfallprodukte der thermonuklearen Reaktionen im Sonnenofen. Sie haben keine elektrische Ladung und vermutlich auch keine Masse. Mit Lichtgeschwindigkeit flitzen sie quer durch den Gasballon und treffen gut acht Minuten später auf die Erde, die sie mühelos durchdringen. Beispielsweise wird der Nagel unseres Zeigefingers in jeder Sekunde von sechzig Milliarden Neutrinos getroffen, was glücklicherweise keinerlei Auswirkungen auf unsere Gesundheit hat, denn die Boten aus dem Glutball wechselwirken ungern mit anderer Materie. Für die Wissenschaft erweist sich das allerdings als Nachteil.

Um die Neutrinos aufzufangen und störende Strahlung auszuschalten, bauen die Forscher mehr als tausend Meter tief unter der Erde in Goldminen oder Bergwerken riesige Fallen auf. Das sind Tanks, gefüllt mit Zehntausenden Tonnen Perchlorethylen, Galliumchlorid oder Wasser. Gelegentlich verheddert sich darin ein Neutrino. Das führt zu meßbaren atomaren Reaktionen – und zu langen Gesichtern bei den Experten, denn sie fangen nur die Hälfte bis ein Drittel der berechneten Anzahl von Neutrinos ein. Sind die Sonnenmodelle falsch? Dies scheint nicht der Fall zu sein. Vielmehr zeichnet sich in jüngster Zeit ab, daß zumindest eines der drei Neutrinoarten, das Myon-Neutrino, doch eine Masse hat. Darüber hinaus scheinen sich die Geisterteilchen auf dem Weg zur Erde gerne ineinander zu verwandeln. Die Detektoren können bisher aber nur eine einzige Neutrinoart aufspüren. Damit wären die Astronomen aus dem Schneider. Und die Sonne bliebe das, als was sie gilt: ein Paradeobjekt, an dem sich mustergültig die Physik der Sterne studieren läßt.

Auf den ersten Blick ist schwer einzusehen, daß Sonne und Sterne ein und derselben Familie angehören sollen: Hier der gleißend helle Glutball, dort die schwach glitzernden Lichtpünktchen. Im Jahr 1838 gelang es dem Astronomen Friedrich Wilhelm Bessel zum ersten Mal, die Entfernung eines

Sterns im Bild Schwan zu messen. 61 Cygni ist rund elf Lichtjahre von der Erde entfernt – hundert Billionen Kilometer. In Gedanken rücken wir jetzt die Sonne in diesen Abstand. Ihre Helligkeit nimmt wie die jeder Lichtquelle mit dem Quadrat der Distanz ab. Bei doppelter Entfernung sinkt sie auf ein Viertel, bei dreifacher Entfernung auf ein Neuntel und so weiter. Stünde die Sonne am Ort von 61 Cygni, wäre ihre Lichterpracht verblaßt. Vom irdischen Firmament schiene sie nur etwa so unscheinbar wie der zweitschwächste Kastenstern im Großen Wagen. Immerhin wäre sie damit noch heller als 61 Cygni, den das bloße Auge in einer klaren Nacht gerade noch wahrnimmt. Damit haben wir etwas Entscheidendes gelernt. Zwar sind alle Sterne Gasbälle wie unsere Sonne – was spektroskopische Untersuchungen eindeutig beweisen – und leben wie sie von der Kernfusion. Doch ihre Leuchtkräfte unterscheiden sich beträchtlich voneinander. Die *scheinbare* Helligkeit der Sterne am Himmel verrät demnach nichts über deren *absolute* Helligkeit; letztere ergibt sich erst über die Entfernung. Umgekehrt können die Astronomen aus der scheinbaren Helligkeit und der bekannten Entfernung auf die Leuchtkraft einer fernen Sonne schließen.

Eine zweite Entdeckung gelingt uns schon mit bloßem Auge in jeder klaren Nacht: Die Sterne haben unterschiedliche Farben. Während zum Beispiel Beteigeuze an der linken Schulter des Orion orangerot leuchtet, funkelt Rigel am Knie des Jägers in blauweißem Licht. Dank der Spektralanalyse kennen die Forscher seit den siebziger Jahren des 19. Jahrhunderts den Grund dafür: Die Farben spiegeln die Oberflächentemperaturen der Gasbälle wider. Rötliche Sterne sind zwischen 3000 und 4500 Grad heiß, gelbe um die 6000 Grad und blauweiße an die 50 000 Grad. Manche Sonnen erreichen sogar 100 000 Grad.

Die Farben sind aber nicht nur mit den Temperaturen der Sterne eng verknüpft, sondern auch mit deren Spektren. Je mehr dunkle Absorptionslinien sich in ihnen zeigen, desto kühler ist die Oberfläche. Die Astronomen faßten daher die Sternspektren zu Klassen zusammen. Nach vielen Mißverständnissen und auf Umwegen entstand zu Beginn des 20. Jahrhunderts die noch heute gültige Harvard-Klassifikation. Geordnet nach abnehmender Temperatur enthält sie die Spektraltypen O, B, A, F, G, K und M. Jede Klasse ist nochmals in zehn Abschnitte – von 0 bis 9 – eingeteilt. Unsere Sonne ist übrigens ein Stern vom Typ G 2.

In der Naturwissenschaft reicht es nicht, Daten zu sammeln. Man muß versuchen, sie zu ordnen und in ihnen zu lesen. Das taten Ejnar Hertzsprung und Henry Norris Russell. Unabhängig voneinander setzten sie die Spektralklassen (entsprechend den Sternfarben analog zu den Oberflächentemperaturen) und die absoluten Helligkeiten (die Leuchtkräfte) zueinander in Beziehung. Ein solches Diagramm veröffentlichte Russell im Jahr 1913. Auf der einen Achse hatte er die Spektralklassen, auf der anderen die absoluten Helligkeiten von sonnennahen Sternen gegeneinander aufgetragen. Auf diesem Hertzsprung-Russell-Diagramm (HRD) ordneten sich neunzig Prozent aller Sterne entlang der sogenannten Hauptreihe an, die diagonal von links oben nach rechts unten verlief. Das Ergebnis überraschte, denn die Sterne waren nicht wahllos verteilt. Vielmehr gab es in der Natur nur ganz bestimmte Kombinationen von Leuchtkräften und Temperaturen. Dennoch tummeln sich auf modernen HRD einige Pünktchen rechts oben bei niederer Oberflächentemperatur, aber großer Leuchtkraft. Und schließlich halten sich links unten einige Sterne auf, die demnach sehr heiß aber von geringer Helligkeit sein müssen. Denn die Leuchtkraft eines Sterns hängt im wesentlichen von seiner Temperatur und von seinem Durchmesser ab.

Nach einem physikalischen Gesetz muß ein 3000 Grad heißer Stern einen viermal größeren Radius oder eine 16mal größere Oberfläche als ein 6000 Grad heißer Stern besitzen, um gleich stark zu leuchten. Aus diesem Grund sind die Sterne links unten im HRD sehr klein. Die Astronomen nennen sie wegen ihrer Farbe Weiße Zwerge. Andererseits besitzen die Sonnen rechts oben offenbar sehr große Durchmesser. Analog werden sie als Rote Riesen bezeichnet.

Beteigeuze im Orion ist ein solcher Roter Riese, ja, sogar ein Überriese. Seine Gaskugel mißt mehr als 900 Millionen Kilometer im Durchmesser. Stünde Beteigeuze an der Stelle unserer Sonne, befänden sich die Planeten Merkur, Venus, Erde und Mars im Inneren des Sterns. Der berühmteste Weiße Zwerg ist der Begleiter von Sirius, dem scheinbar hellsten Fixstern am irdischen Firmament. Im Jahr 1844 fand Bessel heraus, daß Sirius auf seiner Bahn durch die Weiten des Weltraums schlingert – so als ob ein schwerer Körper an ihm zerren würde. Die Suche nach dem vermeintlichen Störenfried blieb fast zwei Jahrzehnte erfolglos. Dann entdeckte der Optiker Alvan G. Clark beim Test eines neuen Teleskops unmittelbar neben Sirius ein winziges, weiß leuchtendes Pünktchen: Sirius B. Später stellten die Forscher fest, daß er zwar soviel Masse besitzt wie unsere Sonne, aber nur etwa so groß ist wie die Erde. Ein würfelzuckergroßes Stück Sirius B würde auf unserem Planeten vier Tonnen wiegen.

Die Sonne spielt im Panoptikum der Sterne eine wahrlich durchschnittliche Rolle. Fachleute bezeichnen sie wegen ihrer Farbe und ihrer Größe als Gelben Zwerg. Der Durchmesser von Riesen ist bis zu tausendmal größer als jener der Sonne, manche Zwerge dagegen erreichen nur ein Tausendstel ihres Durchmessers. Enger ist die Bandbreite bei den Massen, sie reichen von einem Zehntel bis zur hundertfachen Sonnenmasse. Am größten sind die Unterschiede bei den Leuchtkräften, die in sieben Klassen (von den Über-Überriesen bis zu den Unterzwergen) eingeteilt werden. Manche Sterne strahlen millionenmal mehr Energie ab als unser Tagesgestirn, wäh-

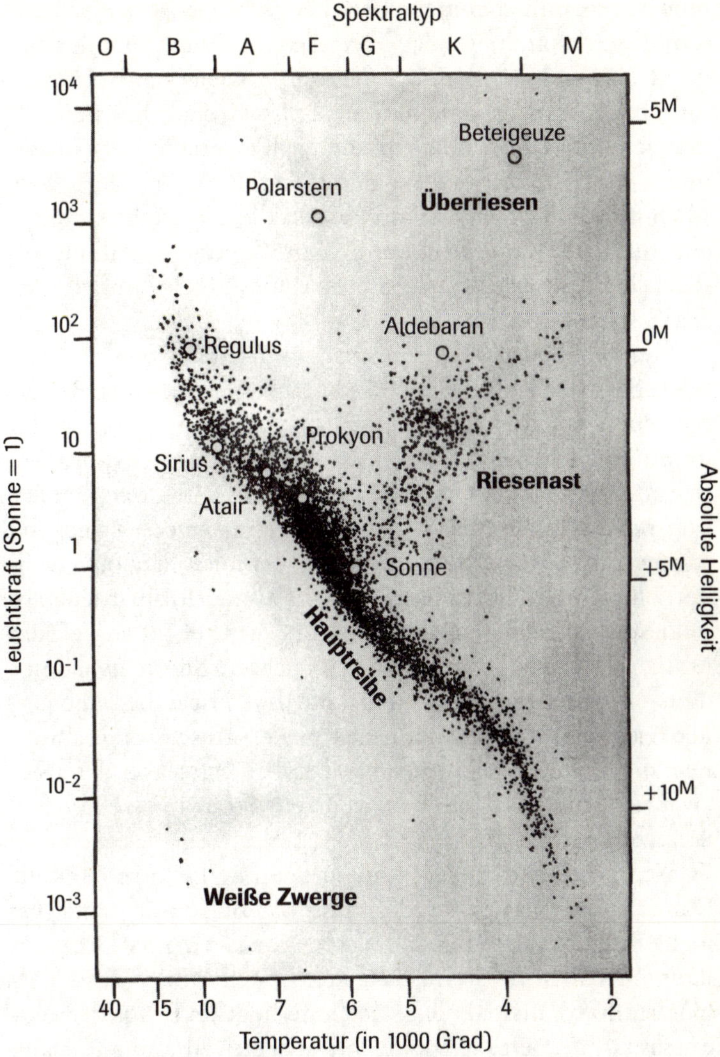

Das Hertzsprung-Russell-Diagramm (HRD) spiegelt die Verteilung der Sterne nach Leuchtkraft (absolute Helligkeit) und Spektraltyp (Temperatur) wider. Die weitaus meisten Sterne gehören der Hauptreihe an.

rend andere millionenmal schwächer glimmen. Anfangs dachten die Astronomen, das Hertzsprung-Russell-Diagramm würde direkt den Lebensweg der Sterne wiedergeben. Danach sollten sie rechts oben als Riesen starten, dann links auf die Hauptreihe treffen, diese entlang nach rechts unten wandern und schließlich irgendwo im Bereich der Zwerge enden. Doch so einfach ist es nicht. Heute wissen die Experten vor allem aufgrund von Modellrechnungen am Computer, daß im wesentlichen die Anfangsmasse der Gaskugeln über deren Schicksal entscheidet.

Von der Masse hängt zunächst einmal ab, an welcher Stelle die Sterne nach ihrer Geburt die Hauptreihe im HRD erreichen: Schwergewichte weiter oben, Leichtgewichte weiter unten. Die Hauptreihe ist ein recht bequemer Ort, an dem sich die Sterne die meiste Zeit ihres Lebens aufhalten: Der Fusionsreaktor im Inneren der Gaskugel arbeitet weitgehend störungsfrei, Druck und Gravitation befinden sich im Gleichgewicht. Unsere Sonne ist seit mehr als vier Milliarden Jahren in diesem sicheren Zustand – und wird noch einmal fünf Milliarden Jahre darin verharren. Leichtere Sterne gehen mit dem Brennmaterial sparsamer um. Ihnen ist daher eine längere Zeit auf der Hauptreihe beschieden als schwereren Sternen, die ihren Wasserstoffvorrat förmlich verschwenden. Nur zwanzig Millionen Jahre verweilt ein Stern mit zehnfacher Sonnenmasse auf ihr.

Was geschieht, wenn Sterne in die Energiekrise geraten? Das hängt wiederum von der Masse ab. Blicken wir zunächst in die Zukunft der Sonne. Bereits heute sinkt die Asche des solaren Ofens, das Helium, zum Zentrum ab. Eines Tages enthält der Kern ausschließlich Heliumschlacke. Bevor das Feuer erlischt, reagiert die Sonne und zieht sich zusammen. Dank dieser Kontraktion erhitzt sich der Gasball. Selbst die Schichten außerhalb des Kerns werden so heiß, daß der Fusionsreaktor dort weiterbrennen kann. Unabhängig davon schrumpft der Heliumkern unaufhörlich und heizt die über ihm liegende Schale stetig auf. Das wiederum treibt den Wasserstoffreaktor zur Höchstleistung an. Er produziert mehr Energie, als die Oberfläche abzugeben vermag. Der Sonne bleibt nur ein Ausweg: Um die Fläche zu vergrößern, bläht sie sich auf. In kurzer Zeit hat sie mehr als 140 Millionen Kilometer Durchmesser. Bis zur Erde reicht dann ihre rund 3000 Grad heiße Gashülle. Alles irdische Leben (wenn es dann noch welches gibt) verbrennt. Der friedliche Gelbe Zwerg von heute hat sich zu einem mörderischen Roten Riesen gewandelt.

Im Kern des Sterngiganten steigen Druck und Temperatur weiter an – bis bei hundert Millionen Grad explosionsartig das Helium zündet (Helium-Flash). Von nun an schlagen zwei Herzen in der Brust der Sonne: Tief im Inneren verbrennt Helium zu Kohlenstoff, in der Schale weiter außen Wasserstoff zu Helium. Beim Helium-Flash verliert die Sonne einen Teil ihrer Hülle. Überhaupt scheint auf Roten Riesen eine »steife Brise« zu wehen, die große Mengen von Gas ins All bläst. Dieser ständige hohe Materieverlust bedeutet für massearme Sterne den Anfang vom Ende. Schicht um Schicht tragen Sternwinde die Sonnenhülle ab. Dabei zaubern sie fantastische Gebilde ins Universum. Aufnahmen des ›Hubble‹-Weltraumteleskops enthüllen eine ungeheure Vielfalt ineinander verwobener Gasschalen. Manche gleichen Schmetterlingen, andere sehen aus wie Muscheln, wohlgeformte Kelche oder Sanduhren. Planetarische Nebel heißen solche Gebilde. Die Bezeichnung ist historisch. In kleinen Fernrohren früherer Jahrhunderte glichen die Objekte ihrem Aussehen nach den grünlich glimmenden Scheibchen der damals neu entdeckten Planeten Uranus und Neptun. Die Photonen, die aus der mehrere zehntausend Grad heißen Oberfläche des Sterns entweichen, regen die Planetarischen Nebel zum Leuchten an.

Sind Helium und Wasserstoff in der Sonne verbraucht, erlischt das Atomfeuer für immer. Der produzierte Kohlenstoff im kugelförmigen, ungefähr erdgroßen Kern ist sehr heiß und extrem dicht gepackt: Im Bauch des Roten Riesen steckt ein Weißer Zwerg. Die kräftig wehenden stellaren Winde legen ihn allmählich frei. Jahrmillionen glüht er vor sich hin, bis er als erkaltete, dunkle Sternenleiche durchs All treibt.

Die Forscher vermuten, daß alle Sterne mit einer Anfangsmasse von bis zu acht Sonnenmassen zu Weißen Zwergen werden. Je schwerer ein Stern ist, desto heftiger rumort es mit zunehmendem Alter in seinen Eingeweiden. Rechnungen zeigen, daß sich der Heliumkern irgendwann stark ausdehnt. Der darüber liegende Wasserstoffreaktor muß diese Expansion wohl oder übel mitmachen. Dessen Energieproduktion sinkt, die gesamte äußere Sternhülle zieht sich zusammen. In einem schrumpfenden Roten Riesen mit einer Oberflächentemperatur von 5000 bis 6000 Grad gerät das diffizile Zusammenspiel der Kräfte aus dem Takt. Die Hülle beginnt, sich mehr oder weniger rhythmisch aufzublähen und zusammenzuziehen. Der Stern pulsiert. Als Folge davon beobachten wir eine entsprechende Änderung seiner Helligkeit. Nicht nur alte, todgeweihte Sonnen können in dieses Stadium geraten. Bevor die frischgeborenen auf der Hauptreihe Platz nehmen dürfen, müssen sie erst die »Pubertät« durchmachen. Das Herz schlägt noch nicht regelmäßig, das Gleichgewicht zwischen Gasdruck und Schwerkraft ist noch ein wenig aus dem Lot. All das läßt sie ebenfalls pulsieren. Mehr als 30 000 flackernde Sternenkerzen kennen die Astronomen bisher. Dazu zählen auch Sterne, die Mitglieder in Doppel- oder Mehrfachsystemen sind. Diese Gruppe ist keineswegs klein. Mehr als die Hälfte aller Sonnen in unserer näheren kosmischen Umgebung gehören ihr an. Gemeinsam kommen sie in einer Gas- und Staubwolke zur Welt. Schwerkraftbande fesseln sie Zeit ihres Lebens aneinander. Sirius A und B gehören zur Klasse der Doppelsterne. Auch der mittlere Deichselstern des Großen Wagen, Mizar, hat einen bereits im kleinen Fernrohr sichtba-

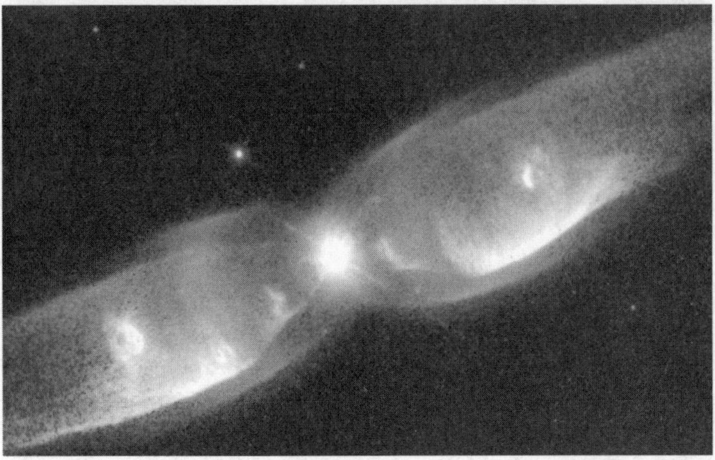

Der Adlernebel, eine Wolke aus molekularem Wasserstoff und Staub, entpuppt sich auf diesem ›Hubble‹-Bild als typische Brutstätte für kosmische Gasbälle (oben). Am Ende ihres Lebens blasen Sterne von der Masse der Sonne ihre Atmosphären ins All und formen Planetarische Nebel wie das Objekt M2-9 (unten), das ebenfalls mit dem Weltraumteleskop aufgenommen wurde. (Fotos: Hester et al. und NASA; Balick et al. und NASA)

ren Begleiter. Die Astronomen unterscheiden noch andere Typen, die nur spezielle Beobachtungsverfahren entlarven. Ein Beispiel dafür sind die spektroskopischen Doppelsterne. Zwei Partner umkreisen einander auf so engen Bahnen, daß sie selbst im besten Teleskop als ein einziges Lichtpünktchen erscheinen. Nur anhand der Spektrallinien verraten sie sich. So stecken hinter Mizar offenbar vier Sterne. Ob auch das mit bloßem Auge erkennbare »Reiterlein« Alkor ein echter Begleiter Mizars ist, wissen die Experten nicht genau. Ein Spezialfall der Doppelsterne sind schließlich die Bedeckungsveränderlichen. Wie bei Algol im Perseus blicken wir zufällig exakt auf die Bahnebene des Systems. Dem Tanz der Sterne können wir nicht direkt zusehen, aber in regelmäßigen Zeitabständen zieht einer vor dem anderen vorbei. Dabei bedeckt er ihn, und wir beobachten das als periodisches Flackern. Die Experten nutzen Doppelsterne als Waagen. Aus Umlaufperiode und -bahn bestimmen sie nach den Gesetzen der Himmelsmechanik die Massen der Sterne. Auf diese Weise spüren die Astronomen auch fremden Planeten nach.

In manchen Doppelsternsystemen hat sich eine der beiden Sonnen bereits zu einem Weißen Zwerg entwickelt, während die andere noch auf dem Weg zum Roten Riesen ist. Bisweilen füttert der Riese den Zwerg. Das geschieht nicht ganz freiwillig, denn der Kleine saugt von dem Großen Materie ab. Auf der Oberfläche des Weißen Zwergs sammelt sich im Lauf der Zeit Wasserstoff an. Durch die Schwerkraft verdichtet sich das Gas so lange, bis es explodiert. Der Stern leuchtet als Nova auf und erscheint plötzlich bis zu einer millionmal heller als zuvor. Danach büßt er allmählich wieder an Leuchtkraft ein. Derartige Ausbrüche können sich öfters wiederholen. Fachleute bezeichnen diese Sterne daher als rekurrierende (wiederkehrende) Novae. Somit sind sie ein besonderer Typ von Veränderlichen.

Bisher haben wir den Lebensweg von sonnenähnlichen Sternen verfolgt. Was passiert mit Gaskugeln, die schwerer als acht Sonnenmassen sind? In klaren Winternächten leuchtet in der Konstellation Orion orangerot Beteigeuze. Wir haben ihn bereits als Gigant kennengelernt. Tatsächlich besitzt er etwa die zwanzigfache Sonnenmasse. Im Jahr 1835 entdeckte John Herschel, daß die Helligkeit von Beteigeuze mit einer Periode von knapp sechs Jahren variiert. Die Feuerkugel pulsiert. Darüber hinaus haben offenbar heftige Winde um den Stern ein Geflecht aus Gas gesponnen. Beteigeuze ist zwar viel jünger als die Sonne, aber trotzdem ein Greis. Immerhin hat er sich schon zu einem Roten Überriesen aufgebläht. Manche Experten vermuten, daß er auf dem besten Weg ist, in einigen Jahrtausenden als Supernova in die Luft zu fliegen. Was sich bei einer solchen kosmischen Katastrophe abspielt, sprengt die menschliche Vorstellungskraft. Das Inferno ist lange programmiert.

In Überriesen wie Beteigeuze läuft der Fusionsreaktor von Anfang an auf Hochtouren. Auf- und absteigende Gasballen übernehmen den Energietransport. Auf diese Weise werden massereiche Sterne ständig durchgerührt. Den Wasserstoff verbrennen sie gierig und in großen Mengen. Innerhalb von einer Million Jahren durchlaufen sie die Phase der Heliumfusion. Dann zündet auch noch der Kohlenstoff. Im Kern klettert die Temperatur allmählich auf eine Milliarde Grad. Neutrinos entstehen in großen Scharen und führen die erzeugte Energie ab. Nur wenige hundert Jahre später läuft ein Neonreaktor an. Von nun an geht alles Schlag auf Schlag. Während die Neutrinozahl astronomische Höhen erreicht, produziert der Stern im Zeitraum von einigen Jahren immer komplexere Elemente: Sauerstoff, Silizium und Eisen.

Weil sich Eisenatome nicht weiter fusionieren lassen, ist der Ofen endgültig aus. Der Kern besitzt eine ungeheure Masse – und bricht schließlich unter dem eigenen Gewicht innerhalb von Sekunden in sich zusammen. Die Dichte steigt auf eine Million Tonnen pro Kubikzentimeter an. Elektronen werden in die Protonen hineingequetscht, Neutronen entstehen. Die Materie läßt sich nun nicht mehr zusammendrücken, der Kern härtet quasi von innen heraus aus. Dennoch stürzt Eisen zunächst weiter auf die Kugel – bis diese innerhalb von Sekundenbruchteilen vorschnellt und eine Stoßwelle auslöst. Sie läuft nach außen und reißt die gesamte Hülle mit sich. Der Stern wird regelrecht zerfetzt. Er leuchtet so hell wie hundert Millionen Sonnen. Irgendwo am irdischen Himmel sehen wir ein neues Lichtpünktchen glitzern: Eine Supernova ist geboren. Die Astronomen unterscheiden grundsätzlich zwei Arten von Supernovae: Typ I ist die Explosion eines Weißen Zwergs, der von einem Partner überreichlich gefüttert wird und schließlich explodiert, vergleichbar einer Nova, aber viel heftiger. Bei Typ II dagegen läuft die Katastrophe nach dem eben beschriebenen Einzelstern-Szenario ab.

Am 23. Februar 1987 flammte eine Typ-II-Supernova in der 180 000 Lichtjahre entfernten Großen Magellanschen Wolke auf. Nach mehr als einem Jahrzehnt leuchten am Explosionsort zwei gegeneinander versetzte Schalen, die Teile der sphärischen Hülle sind. Materie stößt mit einer Geschwindigkeit von 64 Millionen Kilometern pro Stunde auf einen Gasring, den der Stern vermutlich schon 20 000 Jahre vor seinem spektakulären Ende weggeschleudert hat. Die Wucht des Aufpralls erhitzt das Gas. Bilder des ›Hubble‹-Teleskops zeigen, daß einer der Knoten auflodert. Wahrscheinlich wird in den nächsten Jahren der ganze Ring einem Feuerreifen gleichen.

Was wir heute von dem Objekt 1987 A sehen, bezeichnen die Forscher als Supernova-Überrest. Den berühmtesten finden wir in der Konstellation Stier. Diese Krabbennebel genannte Gaswolke stammt von einem Riesenstern, dessen Detonation chinesische Astronomen im Juli 1054 am Firmament beobachtet haben. Im Zentrum der »Krabbe« (engl. *crab*) sitzt ein kosmischer Leuchtturm; dreißigmal in der Sekunde blitzt er auf. Wenngleich dieses Objekt – mehr als 500 haben die

Astronomen in ihren Katalogen verzeichnet – Pulsar genannt wird, hat es doch mit einem pulsierenden Stern nichts zu tun. Pulsare sind die ausgebrannten Kerne schwerer Sonnen. Diese Neutronensterne besitzen mindestens die 1,4fache Sonnenmasse (Chandrasekhar-Grenze) aber nur zehn oder zwanzig Kilometer Durchmesser. Damit haben sie unvorstellbare Dichten. Ein Teelöffel voll würde auf der Erde 500 Tonnen wiegen – ein ganzer Öltanker auf der Spitze einer Stecknadel zusammengedrückt! Außerdem müssen sich die Neutronensterne extrem schnell um ihre Achsen drehen. Weil der Drehimplus erhalten bleibt, wird die zunächst eher gemächliche Rotation der Gaskugel in dem Maße beschleunigt, wie sie sich verdichtet und schrumpft.

Die starren Krusten von Neutronensternen bestehen aus entarteter Materie, bei der die atomaren Strukturen zusammengebrochen sind. Gewöhnliche Materie würde bei den hohen Rotationsgeschwindigkeiten zerfetzt, drehen sich doch manche dieser Sternruinen bis zu tausendmal in der Sekunde um ihre Achsen. Wegen der auf fast allen Neutronensternen auftretenden immensen Fliehkräfte verlassen Elektronen oder Protonen die starre Kruste aus entarteter Materie. Der »Fluchtweg« verläuft dabei entlang des extrem starken Magnetfelds über Nord- und Südpol. Die Teilchen werden beschleunigt und senden entlang der Magnetfeldachsen zwei enge Lichtkegel aus. Überstreichen sie die Erde, sehen die Astronomen die Quelle periodisch im Optischen, aber auch im Bereich von Röntgen- und Radiowellen aufleuchten – als Pulsar eben. Weil die Neutronensterne mit zunehmendem Alter Energie verlieren, drehen sich junge schneller als alte. Manche Pulsare sind Mitglieder eines Doppelsternsystems. Paradebeispiel dafür ist das Objekt PSR 1913+16. Im Jahr 1978 entdeckten Astronomen, daß der Pulsar durch das Umkreisen eines unsichtbaren massereichen Begleiters offenbar Energie durch Gravitationswellen verliert. Der registrierte

Effekt jedenfalls paßt sehr gut zur Vorhersage der Allgemeinen Relativitätstheorie. Und die ist auch wichtig für eine Klasse von Objekten an der Grenze zwischen *science* und *fiction*.

Modellrechnungen zeigen, daß Neutronensterne maximal drei Sonnenmassen haben können. Andererseits beobachten die Experten in Doppelsternsystemen bisweilen dunkle Begleiter oberhalb des genannten Massenlimits. Wie kommt das? Kollabiert ein Überriese mit mehr als der achtfachen Sonnenmasse, unterschreitet der kompakte Stern im Kern den Schwarzschild-Radius. Er liegt für Neutronensterne ungefähr bei fünf Kilometern. Das heißt: In dieser kleinen Kugel ist die Materie so stark komprimiert, daß es nicht mehr dichter geht. Das Gebilde schnürt sich von der es umgebenden Raumzeit ab. Aufgrund der Masse ist seine Anziehungskraft so groß, daß nicht einmal Photonen aus ihm entweichen können. Der Stern hat sich in ein Schwarzes Loch verwandelt.

Der kosmische Strudel, der ein Schwarzes Loch umgibt, löscht jede Erinnerung. Rund vierzig Kandidaten für solche fantastischen Gebilde stehen auf der Liste der Astronomen. Ein direkter Blick auf diese Objekte ist unmöglich. Sie lassen sich jedoch über die Wirkung nachweisen, die sie auf ihre Umgebung ausüben. Dazu messen die Experten unter anderem die Geschwindigkeit von Gaspaketen (oder bei massiven Schwarzen Löchern von Sternen), die um den Schlund herumwirbeln wie Wasser um einen Badewannenabfluß. Dabei scheinen die meisten Schwarzen Löcher selbst in Bewegung zu sein. Die Fachleute haben bisher Hinweise auf mindestens zwei rotierende Schwarze Löcher gefunden. Sie haben jeweils einen Partnerstern, von dem sie ständig Materie absaugen. Diese sammelt sich in einer Scheibe, wird durch die Gravitation zusammengedrückt, aufgeheizt und strahlt im Röntgen- oder Gammalicht, bevor sie auf Nimmerwiedersehen aus unserer Welt verschwindet. Was mit dem Gas passiert, weiß niemand.

Anhand von Daten eines amerikanischen Röntgensatelliten stellten Astronomen im Jahr 1998 fest, daß sich die Strahlung periodisch ändert. Die Rotationsachsen der Schwarzen Löcher GRS 1915+105 und GRO J1655–40, so die Erklärung, taumeln wie Kinderkreisel. Darüber hinaus dellen sie den Raum nicht nur ein, sondern reißen ihn mit wie Rührwerke den Teig. Dies gilt als Beleg für den »Lense-Thirring-Effekt«, der aus Einsteins Allgemeiner Relativitätstheorie folgt.

Das alles mag nach Fiktion klingen. Doch an der Existenz der Schwarzen Löcher läßt sich kaum zweifeln. Die Szenarien, die das Sterben der Sterne beschreiben, scheinen Realität zu sein. Der beste Beweis dafür sind – wir Menschen. Unsere Körper bestehen größtenteils aus Elementen, die in Sternen erschmolzen und dann freigesetzt wurden. Alle höheren Elemente jenseits des Eisens können nur in den Sekundenbruchteilen einer Supernova produziert und dann ins All geblasen worden sein. Wir Menschen sind Geschöpfe aus Sternenstaub.

Welteninseln

Wenn die Dunkelheit ihren Mantel ausbreitet, taucht das Auge ein in das magische Reich der Sterne. In einer klaren, finsteren Nacht glitzern zu jeder Zeit ungefähr 3400 Lichtpünktchen am Himmel. Bald schweift der Blick an einem diffusen Band entlang, das sich wie eine ausgedehnte Wolke über das gesamte Firmament spannt: die Milchstraße. Viele Sagen ranken sich um den geheimnisvollen Schimmer. Eine berichtet, daß Alkmene nach einer Affäre mit dem Göttervater Zeus schwanger wurde und Herakles gebar. »Du mußt den Knaben deiner Gemahlin Hera an die Brust legen, damit er unsterblich wird«, riet Hermes. Tatsächlich durfte sich der gewitzte Gott mit Herakles im Arm zur schlafenden Hera schleichen und ihr das Baby an die Brust legen. Doch Herakles begann so kräftig zu saugen, daß Hera aufwachte, sogleich den Schwindel durchschaute und den Säugling heftig von sich stieß. Dabei spritzte Muttermilch über das Himmelsgewölbe – und formte die Milchstraße.

Es war ebenfalls ein Grieche (und er hat wirklich gelebt), der vor 2400 Jahren die richtige Erklärung für das Phänomen gab: Der Philosoph Demokrit glaubte, daß die Milchstraße aus unzähligen schwachen Sternchen besteht. Galileo Galilei bestätigte diese kühne Behauptung, als er im August 1609 sein Teleskop zum Himmel richtete. Es sollten aber noch einige Jahrhunderte vergehen, bis die Menschen das Rätsel um das Himmelsband lösten. Der englische Naturforscher Thomas Wright of Derham (1711 – 1786) hatte die erste, geradezu modern anmutende Idee. Danach erfüllen die Sterne den Raum nicht gleichförmig, sondern sammeln sich nur in einer relativ dünnen Schicht, die sich als schmaler Streifen am Firmament abbildet. Immanuel Kant hatte Wrights Werk über den Bau des Himmels gelesen. Er meinte sogar, die Milchstraße sei nicht die einzige Sternenscheibe im Universum. Lichtfleckchen wie der Andromedanebel seien eigene Inseln von ähnlicher Gestalt. Je nach Blickwinkel, so Kant, erscheinen sie mal kreisförmig, mal elliptisch oder – wenn wir direkt auf die Kante blicken – als dünner Strich. Im Jahr 1924 entlarvte der amerikanische Astronom Edwin P. Hubble (1889 – 1953) den Andromeda»nebel« als eigenständige Galaxie. Diese Welteninsel ist rund 2,5 Millionen Lichtjahre von der Erde entfernt.

Unser Milchstraßensystem, die Galaxis, gleicht einem rotierenden Diskus. Gas- und Staubwolken sowie hundert bis 500 Milliarden Sterne (die Schätzungen gehen weit auseinander) formen ihn. Mit Ausnahme der Andromedagalaxie sowie der beiden Magellanschen Wolken sind alle Objekte, die wir am Himmel mit bloßem Auge sehen, Mitglieder der Milchstraße. Dazu zählen also auch Emissions- und Reflexionsnebel,

Dunkelwolken, Planetarische Nebel und Supernova-Überreste. Die galaktische Scheibe mißt etwa 100 000 Lichtjahre im Durchmesser, ist aber sehr dünn mit einer Verdickung im Zentrum. Während das Licht ungefähr 16 000 Jahre benötigt, um diesen Kernbereich zu durcheilen, schafft es das an den Außenrändern schon in tausend Jahren. Das gesamte Sternenrad rotiert. Unsere Sonne umläuft mit ihren Planeten die Nabe mit einer Geschwindigkeit von 800 000 Kilometern pro Stunde in 225 Millionen Jahren einmal und ist an die 26 500 Lichtjahre vom Zentrum entfernt.

Wer in einer Sommernacht die Milchstraße betrachtet, der bemerkt in Richtung des Sternbilds Schütze eine Zunahme von Helligkeit und Dichte. Auf langbelichteten Aufnahmen dieser Region erscheinen die Sterne so dicht wie die Körnchen an einem Sandstrand. Unser Blick dringt hier tief ein in die Scheibenebene, geradewegs in Richtung Zentrum. Das Herz der Milchstraße bleibt uns aber verborgen, weil Wolkenschleier aus Staub und Gas die Sicht versperren. Trotzdem konnten die Astronomen mittlerweile recht brauchbare Karten von der *terra incognita* erhalten. Ermöglicht haben das Radioteleskope und Infrarotkameras. Sie sehen das All im langwelligen Licht, das die dunklen »Vorhänge« durchdringt.

In den vergangenen Jahren tasteten sich die Experten immer näher an das Herz der Galaxis heran – bis zu einem Abstand von 4,6 Lichttagen (120 Milliarden Kilometer). Dort sitzt die Radioquelle Sagittarius A*. Zwischen 1992 und 1997 haben Andreas Eckert und Reinhard Genzel vom Max-Planck-Institut für extraterrestrische Physik die Bewegungen von siebzig Sternen vermessen. Manche wirbeln mit Geschwindigkeiten von tausend Kilometern pro Stunde um Sagittarius A* herum. Die Quelle hat einen geschätzten Durchmesser von weniger als 300 Millionen Kilometern. In diesem Bereich, der in die Erdumlaufbahn paßt, ist die Masse von 2,6 Millionen Sonnen konzentriert. Da sich dort aber unmöglich so viele Sterne aufhalten können, gibt es nur eine Erklärung: Inmitten des galaktischen »Feuerrads« lauert ein gigantisches Schwarzes Loch. Es gehört zu den supermassiven Vertretern dieser Klasse und ist – wie etwa Dreiviertel aller bisher vermuteten Schwarzen Löcher – nicht das Relikt eines einzigen Sterns. Diese kosmischen Parasiten sitzen in den Herzen vieler Galaxien. Vermutlich beginnen sie ihr Dasein, wenn zwei stellare Schwarze Löcher kollidieren. Dabei verdoppeln sich Masse und Gravitation. In den Zentren der Milchstraßensysteme wirbeln viele Sterne und Materiewolken herum. Die jungen Schwerkraftmonster finden reichlich Nahrung und wachsen allmählich heran. Die gefräßigsten verschlucken pro Jahr einen Stern von der Größe der Sonne. Einen solchen Appetit entwickelt das Schwarze Loch in der Galaxis nicht; ihm reicht offenbar eine Sonne alle 10 000 Jahre. Daher sprechen die Astronomen von einem »hungernden« Schwarzen Loch.

Wie Immanuel Kant richtig vermutete, ist unsere Milchstraße nur eine von vielen Milliarden ähnlicher Systeme. Am Himmel erscheinen sie in den unterschiedlichsten Formen. Das liegt nicht nur am Blickwinkel. Tatsächlich haben die Sterneninseln verschiedene Gestalten. Radio- und optische Beobachtungen der Galaxis zeigen, daß sich die Gasmassen in der Scheibe auf spiralförmig angeordnete Arme verteilen. Diese materiereichen Spiralarme sind der Hort von jungen, leuchtkräftigen Sternen. In ihnen findet man auch praktisch alle der mehr als 1000 bekannten Offenen Sternhaufen – Sonnen, die sich erst vor wenigen Millionen Jahren aus einem gemeinsamen Gas- und Staubkokon geschält haben. Die Plejaden (»Siebengestirn«) in der Konstellation Stier sind ein solcher Sternenkindergarten.

Unsere Milchstraße gehört zu den Spiralgalaxien. Könnten wir sie aus einigen Millionen Lichtjahren Entfernung aus schrägem Winkel betrachten, sähe sie der – allerdings größeren – Andromedagalaxie ähnlich. Sie und unsere Milchstraße bilden

Einem gigantischen Feuerrad gleich, schwebt die Spiralgalaxie M 83 in den Tiefen des Universums (oben). Bei der Sombrero-Galaxie M 104 (unten) dagegen blicken wir fast genau auf die Kante; der zentrale Wulst ist besonders stark ausgeprägt. (Fotos: Europäische Südsternwarte)

mit gut zwei Dutzend anderen bekannten Systemen die Lokale Gruppe. Ein gemeinsames Schwerkraftfeld hält ihre Mitglieder zusammen. Nachdem Edwin P. Hubble das Geheimnis der Galaxien gelüftet hatte, ging er daran, sie zu klassifizieren. Noch heute ist diese Typologie in Gebrauch. Im wesentlichen unterscheidet sie elliptische (E0 bis E7) und linsenförmige (S0) Galaxien, Spiralen (Sa bis Sd) sowie Balkenspiralen (SBa bis SBd). Bei letzteren setzen die Arme erst an den Enden eines durch den Kern laufenden Balkens (»B«) aus Gas, Staub und Sternen an. Die Einteilung von »a« bis »d« spiegelt die unterschiedliche Öffnung der Spiralarme wider. Galaxien ohne erkennbare Strukturen werden als irregulär (Irr) bezeichnet. Die Milchstraße übrigens liegt zwischen den Typen Sb und Sc.

Was hält die Spiralgalaxien in Form? Die differentielle Rotation, wonach sie sich nicht wie starre Körper drehen, sondern mit unterschiedlichen Geschwindigkeiten, je nach Abstand zur Rotationsachse, kann es nicht sein. Zwar bräuchte die differentielle Rotation nur etwa 100 Millionen Jahre, um eine ursprüngliche Scheibe in eine Spirale zu verwandeln. Mit der Zeit würden sich die Arme aber immer weiter aufwickeln. Nach zehn Milliarden Jahren – so alt dürfte unsere Galaxis sein – müßten sie sich mehrere dutzendemal eng um das Zentrum winden. Das widerspricht der Beobachtung. Die Spiralarme überstehen leicht hundert Umdrehungen. Dies läßt sich am besten mit Dichtewellen erklären. Sie bewegen sich durch eine Galaxie wie Wellen, die nach einem Steinwurf über die Seeoberfläche laufen. Dabei schwingt das Wasser im Takt des sich ausbreitenden Ringmusters auf und ab, verändert aber nicht seinen Ort. Eine Spiralgalaxie gleicht einer Momentaufnahme der Seeoberfläche, auf der die Bewegung des Wassers gleichsam eingefroren ist.

Die spiralförmigen Dichtewellen können unter anderem durch Wechselwirkungen mit Nachbargalaxien erzeugt werden. Wie sie wirken, läßt sich gut beobachten. Während sie mit bestimmten Geschwindigkeiten durch die Galaxien laufen, erzeugen sie Schockwellen. Diese stauchen das interstellare Gas zusammen und steigern auf diese Weise ganz beträchtlich die Geburtsrate von Sternen. Aus diesem Grund finden wir gerade in den Spiralarmen so viele überwiegend blau leuchtende Babysonnen.

Wie rotiert eine Spiralgalaxie? Im einfachsten Fall könnten wir annehmen, daß die Geschwindigkeiten der Sterne, Gas- und Staubwolken den Keplerschen Gesetzen folgen: Je näher am Zentrum, desto schneller, je weiter davon entfernt, desto langsamer. Das trifft nicht zu. Vielmehr registrieren die Astronomen bei den Spiralen mit zunehmendem Abstand vom Kern keine Verringerung des Tempos. Im Gegenteil nimmt die Rotationsgeschwindigkeit häufig sogar noch zu. Andererseits müßten die Randsterne wegen der hohen Geschwindigkeit ins All spritzen wie kleine Steinchen am Fahrradreifen. Offenbar existiert eine unsichtbare Masse, deren Schwerkraft die Galaxien vor dem »Ausfransen« bewahrt. Experten nennen sie Dunkle Materie. In ihr stecken mehr als neunzig Prozent des gesamten Universums. Wir nehmen demnach nur die Spitze des Eisbergs wahr.

Je weiter die Astronomen in den Weltraum vordringen, desto mehr Galaxien erspähen sie. Die meisten treiben in »Flottenverbänden« durch den kosmischen Ozean, einige enthalten mehrere tausend Mitglieder. Zu den bekanntesten Galaxienhaufen zählt jener in der Konstellation Jungfrau (lat. *virgo*). Allein in dieser Himmelsregion hatte der französische Beobachter Charles Messier (1730 – 1817) mit seinem vergleichsweise einfachen Teleskop in einem Feld von etwa 16 Vollmonddurchmessern 14 »Nebelfleckchen« entdeckt. (Im Messier-Katalog sind mehr als hundert Objekte – Galaxien, Gaswolken, Planetarische Nebel und Sternhaufen – verzeichnet. Jedes trägt eine »M«-Nummer, und die meisten bieten schon in kleineren Amateurfernrohren einen prachtvollen Anblick.) Die wahren

Dunkle Materie

Die Dunkle Materie birgt den Schlüssel zum Verständnis der großräumigen Entwicklung des Universums. Seit Jahren machen Astronomen und Elementarteilchenphysiker Jagd nach dieser rätselhaften Schattenwelt, in der mindestens neunzig Prozent des Alls liegen. Die Dunkle Materie verrät sich durch ihre Gravitationswirkung in Galaxien und auf Sternsysteme innerhalb von Galaxienhaufen. Doch woraus besteht sie? Im Urknall entstand ein ganz bestimmter Prozentsatz an baryonischer Materie, an gewöhnlichen Protonen und Neutronen also. Aus ihnen setzen sich Sterne, Planeten und Monde zusammen. Der Verdacht liegt nahe, daß ein Großteil der baryonischen Materie in unsichtbaren Objekten steckt. Tatsächlich haben die Astronomen im Kosmos ausgedehnte, im Optischen nicht leuchtende Gaswolken entdeckt, die Radio- oder Röntgenstrahlung aussenden. Darüber hinaus scheint es eine große Anzahl von Roten, Schwarzen und Braunen Zwergen zu geben. Das sind teils ausgebrannte Sterne, die ein Dasein ohne Glanz fristen und daher kaum beobachtet werden können, teils verhinderte Sterne, in denen das atomare Feuer wegen mangelnder Masse nicht zünden konnte und die nur sehr schwach glimmen. Ende der achtziger Jahre machten sich Astronomen daran, nach unsichtbaren Sternen zu fahnden. Der Suchmethode liegt folgende Idee zugrunde: Zieht eine dunkle Sonne vor einer hellen, viel weiter entfernten vorbei, wird sie deren Licht verstärken. Das klingt zunächst unplausibel. Doch exakt diesen Effekt sagt die Allgemeine Relativitätstheorie voraus. Denn die Schwerkraft des nahen Sterns lenkt die Lichtstrahlen des fernen Sterns ab, fokussiert sie gleichsam. Dadurch wird das Licht wie durch eine Linse gebündelt. Die Forscher kennen mittlerweile viele solcher Gravitationslinsen. Dahinter stecken meist schwache

Galaxien, die das Licht noch fernerer Sternsysteme verstärken und in Bögen oder Einstein-Ringe verwandeln. Auf der Suche nach der Dunklen Materie visieren die Experten Sterne in der Großen Magellanschen Wolke an. Dabei fällt der Blick zwangsläufig durch den Außenbereich unserer Galaxis, wo viele MACHOs (*Ma*ssive *C*ompact *H*alo *O*bjects) versammelt sein müßten. Dutzende von Lichtaufhellungen von Sonnen der Nachbargalaxie wurden bisher registriert. Doch die Zahl der Machos reicht nicht aus, um die verborgene Welt komplett auszufüllen. Neue Hochrechnungen deuten an, daß lediglich etwas mehr als die Hälfte der Dunklen Materie in unsichtbaren Sternen und anderen kompakten Objekten steckt. Die Suche verlagert sich zunehmend von dem Makro- in den Mikrokosmos, ins Reich der Elementarteilchen. Die Neutrinos mit ihrer jüngst entdeckten Masse können nach Meinung vieler Kosmologen allerdings nur einen geringen Teil beisteuern. Gäbe es genügend, wären die heute beobachteten Strukturen im All kaum zu erklären. Denn der größte Teil der Neutrinos entstand beim Urknall; seitdem rasen sie durch das Universum. Die Teilchen waren in der Frühphase des Alls so schnell, daß sie als Bausteine für dauerhafte *Urklumpen* nicht taugten. Die Wissenschaftler favorisieren das Modell der *kalten* Dunklen Materie, die aus wesentlich langsameren Partikeln bestehen muß als die *heißen* Neutrinos. Aber aus welchen? Kernphysiker haben schon bestimmte Teilchen im Visier. Sie tragen so poetische Namen wie Photinos, Winos, Zinos oder Axionen, sind unter dem Begriff WIMPs (*W*eakly *I*nteracting *M*assive *P*articles) bekannt – und haben einen Nachteil: Sie existieren bisher nur in der Theorie. Die Fahndung nach diesen geheimnisvollen Kandidaten läuft aber erst seit kurzem. Vielleicht werden die Kernphysiker in ein paar Jahren diese Geisterteilchen dingfest machen. Dann wäre ein großes Problem der Urknall-Theorie gelöst.

Durchmesser der Galaxienhaufen variieren zwischen drei und dreißig Millionen Lichtjahren. Die Zahl der Sternsysteme pro Volumeneinheit übertrifft die des übrigen Alls durchschnittlich um das Zehntausendfache. Die Galaxien sind in mehrere Millionen Grad heiße Materie eingebettet. Ein Teil von ihr stammt wahrscheinlich aus den Halos – ausgedehnten sphärischen Bereichen, die Kern und Scheibe der Galaxien einhüllen und neben Gas vor allem Kugelsternhaufen enthalten. Die Milchstraßen entreißen sich die Halo-Materie gegenseitig. Sie wirbelt zwischen den Galaxien umher, heizt sich dadurch stark auf und gibt Röntgenstrahlung ab. Der rund sechzig Millionen Lichtjahre entfernte Virgo-Haufen beispielsweise zeigt in diesem Wellenlängenbereich eine komplexe Struktur.

Seit Jahrzehnten bemühen sich die Forscher darum, die Formenvielfalt der Galaxien zu verstehen. Läßt die Hubble-Klassifikation irgendwelche Schlüsse zu? Werden die Galaxien möglicherweise als Ellipsen geboren und entwickeln sie sich dann zu Spiralen? Und welche Lebensphase verkörpern die irregulären Systeme? Die elliptischen Systeme glimmen im rötlichen Licht alter Sonnen. Außerdem enthalten sie kaum noch interstellares Gas. In ihnen muß die Sternentstehung schon vor Jahrmilliarden zum Erliegen gekommen sein. Das gilt auch für die linsenförmigen S0-Galaxien. Im Gegensatz zu den elliptischen besitzen sie Sternenscheiben und zentrale Verdickungen – wie die Spiralen. Die Experten vermuten, daß die Milchstraßen vom Typ S0 einst Spiralgalaxien waren. Weil sie das interstellare Gas aufgebraucht haben, sind sie quasi unfruchtbar geworden. Die Materie kann darüber hinaus durch die enormen Gezeitenkräfte als Folge von engen Begegnungen zweier Spiralen verlorengehen. Solche Beinahe-Zusammenstöße beobachten die Astronomen in Galaxienhaufen ebenso wie frontale Kollisionen. Dabei werden Gas und Sterne in den intergalaktischen Raum geschleudert. Oft kommt es zu einer erhöhten Sternentstehungsrate innerhalb der Systeme

(Starburst-Galaxien). Diese brennen dadurch früher aus. Die Havarien beeinflussen entscheidend die Evolution der Milchstraßen. Viele aktive Galaxien, die unter anderem im Radiobereich kräftig strahlen und aus ihren Kernen Materiejets ausspucken, scheinen solche kosmischen Kollisionen erlitten zu haben. Supermassive Schwarze Löcher in den Zentren könnten diese Galaxien »am Kochen halten«.

Ein Spezialfall sind Objekte, die auf den ersten Blick wie schwache, meist blaue Sternchen aussehen. Weil sie im Radiolicht leuchten, erhielten sie den Namen »quasistellare Radioquellen«, abgekürzt Quasare. Allerdings wollten die Spektren nicht zu jenen von gewöhnlichen Sternen passen. Anfang der sechziger Jahre fand der holländische Astronom Maarten Schmidt heraus, daß die Spektrallinien durchaus von bekannten chemischen Elementen stammten, jedoch stark zu roten Wellenlängen verschoben waren. Die Experten erklärten das mit dem Doppler-Effekt. Danach nehmen die Quasare mit Geschwindigkeiten von mehreren zehntausend Kilometern pro Sekunde (!) Reißaus. Weil das gesamte Universum nach Erkenntnissen der Kosmologen expandiert, müssen diese Objekte sehr weit entfernt sein und extrem hell strahlen, um aus diesen Distanzen überhaupt noch am irdischen Firmament zu scheinen. Sterne können das nicht sein. Quasare gelten als Galaxienkerne, in denen besonders schwere Schwarze Löcher hausen. Die meisten stecken in elliptischen und leuchtkräftigen spiralförmigen Systemen. Viele von ihnen flackern mit Perioden von wenigen Tagen. Im Jahr 1995 wollten Astronomen mit dem ›Hubble‹-Teleskop »nackte« Quasare beobachtet haben. Sie sollten durchs All treiben, hin und wieder eine Galaxie anfallen und sich darin einnisten. Diese Meldungen haben sich nicht bestätigt. Dagegen akzeptieren die meisten Experten mittlerweile den oben angedeuteten Zusammenhang des Quasar-Phänomens mit dicht aneinander vorbeiziehenden oder zusammenstoßenden Galaxien.

Unsere Galaxis wird wohl nie zum Quasar werden – obwohl sie durchaus unfallgefährdet ist. Derzeit verleibt sie sich eine kleine Galaxie ein. Dieser »Sagittarius-Zwerg« wurde erst 1994 zufällig entdeckt. In fünf oder sechs Milliarden Jahren bekommt es die Milchstraße mit einem gewichtigeren Unfallgegner zu tun – mit der benachbarten Andromedagalaxie. Computersimulationen zeigen, daß die beiden Systeme dann verschmelzen, wobei die kollidierenden Gasmassen durch Reibung Energie verlieren, in Richtung Zentrum stürzen und dieses schließlich als rotierende Scheibe umgeben. Aus zwei Spiralen ist eine Ellipse geworden. Dieser Prozeß dürfte in der Jugendzeit des Universums oft abgelaufen sein. Viele elliptischen Systeme entstanden offenbar in der beschriebenen Weise. Neuere Beobachtungen jedenfalls enthüllen die komplexe Struktur dieses Typs mit Sternenscheiben ähnlich denen in S0-Galaxien und Spiralen.

Waren die Spiralgalaxien die Keime, aus denen die Ellipsen heranwuchsen? Wenn es nur so einfach wäre! Die Astrophysiker sind immer noch weit davon entfernt, das Geheimnis der Galaxien vollständig zu durchschauen. Derzeit favorisieren sie das »bottom-up-Modell«. Danach formten sich die Milchstraßen bald nach der Geburt des Universums aus kleineren Urgalaxien. Gibt es sie wirklich? Eine Reise in die Vergangenheit könnte Aufschluß bringen. Je weiter hinaus wir ins Weltall schauen, desto weiter blicken wir in die Zeit zurück. Ferne Objekte leuchten in großer Distanz aber nur mehr sehr schwach – ein klarer Fall für Riesenspiegel wie das ›Very Large Telescope‹ der Europäischen Südsternwarte in Chile. Oder für das ›Hubble‹-Teleskop, das den Kosmos außerhalb der Erde ohne störende Atmosphäre durchmustert.

Im Dezember 1995 starrte ›Hubble‹ zehn Tage lang auf ein Stück Himmel im Großen Wagen. Das Feld besaß den Durchmesser eines Fünfmarkstücks in 200 Kilometer Distanz. Nach 130 Stunden Belichtungszeit entstanden mit vier Farbfiltern

342 Einzelaufnahmen. Das komplette Mosaik enthält ungefähr 2000 Galaxien – ein einzigartiger Blick zum Horizont des Kosmos. Im Oktober 1998 wurde das »Hubble Deep Field« in einem winzigen Bereich des Südhimmel-Sternbilds Tukan wiederholt. Ein Vergleich der Panoramen ergibt, daß der Weltraum in den beiden entgegengesetzten Richtungen gleich aussieht. Das mag banal klingen, ist für die Wissenschaftler aber von großer Bedeutung. Die Fotos reichen viele Milliarden Lichtjahre in den Raum hinaus.

Auf den Ansichten des frühen Alls erscheinen bereits elliptische und Spiralgalaxien. Die Forscher rätseln, wie sie in vergleichsweise kurzer Zeit nach dem Urknall heranreifen konnten. Auf den Bildern tummeln sich aber auch Unmengen von kleinen, blauen, irregulären Systemen. Wie erwartet, gab es in ferner Vergangenheit viel mehr davon als heute. Sind das die gesuchten Protogalaxien? Ein anderes langbelichtetes ›Hubble‹-Foto aus einer Region in der Konstellation Herkules zeigt 18 dieser Gebilde in einem Raumsegment von nur zwei Millionen Lichtjahren. Jeder dieser »Blobs« ist etwa 3000 Lichtjahre groß und enthält Gas sowie rund eine Milliarde blauer, junger Sterne. Das könnten tatsächlich die Bausteine der Galaxien sein. Die Beobachtung verträgt sich jedenfalls gut mit dem »bottom-up-Modell«.

Auf unserer Exkursion sind wir immer tiefer ins Universum eingedrungen. Wo die Grenzen von Raum und Zeit verschwimmen, beginnt eines der größten geistigen Abenteuer der Menschheit: die Suche nach Ursprung und Ende des Universums. Doch bevor wir uns dieser letzten Frage stellen, werfen wir noch einen kurzen Blick auf das Werkzeug der Astronomen.

Das klassische Instrument der Astronomie ist das Teleskop. Es sammelt Licht und erhöht die Detailauflösung. Herzstück aller modernen Fernrohre ist der Spiegel. Er reflektiert die Strahlen, um sie im Brennpunkt zu bündeln. Jahrzehntelang war der Reflektor auf dem kalifornischen Mount Palomar mit seinem Fünf-Meter-Spiegel das schärfste Auge der Astronomen. Heute gibt es Fernrohre mit doppeltem Durchmesser und anderen optischen Techniken. Beispielsweise verfügen die beiden Zwillings-Teleskope Keck-1 und Keck-2 des Observatoriums Mauna Kea auf Hawaii jeweils über einen aus 36 sechseckigen dünnen Segmenten zusammengesetzten Spiegel mit zehn Metern Durchmesser. Ein Computer justiert jede einzelne dieser Waben einige hundertmal pro Sekunde und hält dadurch den gesamten Spiegel optimal in Form. »Aktive Optik« heißt diese Technik, die auch das ›Very Large Telescope‹ (VLT) der Europäischen Südsternwarte kontrolliert. Wenige Jahre nach der Jahrtausendwende werden vom Plateau des Paranal inmitten der chilenischen Anden vier 8,2-Meter-Teleskope ins All spähen. Im Mai 1998 ging das erste in Betrieb. Der Clou der Anlage: Alle vier großen sowie die zusätzlich geplanten drei 1,8-Meter-Fernrohre sollen sich zusammenschalten lassen. So entstünde eine 220 Quadratmeter große Spiegelfläche. Das VLT könnte noch das Glimmen eines Glühwürmchens in 10 000 Kilometern Entfernung aufspüren oder einen Astronauten auf der Mondoberfläche.

Romantik unter dem Sternenzelt erlebt der Astronom heute höchstens im Urlaub. Der direkte Blick ins Universum ist kaum noch möglich. Ja, der Forscher muß nicht einmal mehr selbst im Kontrollraum des Teleskops sitzen. Dort wacht ein »Pilot« an Monitoren über den mehrere hundert Tonnen schweren Koloß aus Stahl und Glas. Für das VLT haben die Fachleute ein neues Konzept entwickelt: Alle Beobachtungen werden in einem Computer programmiert, der sie dann der Reihe nach ausführt. Die gewonnenen, im Rechner gespeicherten Daten sollen sich innerhalb von fünf Jahren auf 200 000 Gigabyte aufsummieren. Das entspricht dem Inhalt von 200 Millionen Büchern zu je 500 Seiten! Die Lichtteilchen aus dem Kosmos schwärzen nicht mehr die Emulsionen von Fotoplatten, sondern verheddern sich auf den Chips elektronischer

CCD-Kameras. 2,3 Tonnen wiegt das im Brennpunkt des ersten VLT-Spiegels installierte Instrument ›FORS‹. Es ist eine Art »All«-Zweckwaffe: Kamera, Spektrograph und Polarimeter in einem.

Weil irdische Lichtquellen und zunehmende Luftverschmutzung die Beobachtungen beeinträchtigen, ziehen sich die Forscher auf abgelegene Berggipfel zurück. Dort versuchen sie, mit der »adaptiven Optik« ihrer Fernrohre auch noch dem ständigen Flimmern der Atmosphäre ein Schnippchen zu schlagen. Das beste ist natürlich die ungetrübte Aussicht in den Weltraum – wie sie ›Hubble‹ genießt. 600 Kilometer über unserem Planeten kreist das 2,4-Meter-Teleskop außerhalb des Luftozeans. Die Satelliten-Sternwarte war wegen fehlerhaft geschliffener Optik zunächst kurzsichtig. Bei einer ersten Service-Mission im Jahr 1993 nahm die Besatzung eines US-Raumgleiters ›Hubble‹ an den Haken und verpaßte ihm einen Satz »Kontaktlinsen«. Bei einem zweiten Besuch 1997 montierten die Astronauten unter anderem neue Kameras. Spätestens 2007 soll ›Hubble‹ durch das ›Next Generation Space Telescope‹ (NGST) mit seinem Acht-Meter-Spiegel ersetzt werden. Es wird in fast zwei Millionen Kilometer Abstand von der Erde im Weltraum geparkt.

Die Atmosphäre trübt nicht nur den Ausblick in den Kosmos, sie ist lediglich für optisches Licht und für Radiowellen durchlässig. Letztere fangen die Experten mit gigantischen Metallschüsseln auf. Die mit 308 Metern Durchmesser größte festinstallierte steht in einem Talkessel bei Arecibo auf Puerto Rico, die mit hundert Metern größte bewegliche Antenne lauscht nahe Effelsberg in der Eifel ins All. Um die physikalisch bedingte schlechte Auflösung von Radioteleskopen zu erhöhen, schalten die Astronomen mehrere Schüsseln zusammen (Interferometer). Das größte Radiointerferometer der Erde ist das ›Very Long Baseline Array‹ (VLBA). Seine zehn Antennen erstrecken sich über 8000 Kilometer von Osten nach

Westen und über 4000 Kilometer von Norden nach Süden. Um das Firmament auch im kurzwelligen Röntgen- und Gammalicht sowie im langwelligen Infraroten zu durchmustern, müssen für diese Spektralbereiche empfindliche Empfänger in die Erdumlaufbahn gebracht werden. Satelliten wie das europäische ›Infrared Space Observatory‹ (ISO) mit seinem Sechzig-Zentimeter-Spiegel und den auf –270 Grad gekühlten Detektoren haben das Universum buchstäblich in neuem Licht gezeigt. Zu den »Stars« am Himmel gehörte auch der deutsche Röntgensatellit ›ROSAT‹. Als die fliegende Sternwarte mit dem goldbeschichteten Achtzig-Zentimeter-Teleskop im Dezember 1998 nach achteinhalbjährigem Einsatz ihr letztes Beobachtungsprogramm absolvierte, hatte sie rund 150 000 neue Röntgenquellen entdeckt.

Eine Flut an Informationen lieferten in den vergangenen Jahren Raumsonden, die das Planetensystem inspizierten. Späher wie ›Voyager‹ (Jupiter, Saturn, Uranus, Neptun), ›Giotto‹ (Halley), ›Viking‹ und ›Pathfinder‹ (Mars) oder ›Galileo‹ (Jupiter) haben die Geschwister der Erde zu wahren Fundgruben für Planetologen gemacht.

An den Grenzen von Raum und Zeit

Woher kommen wir? Wohin gehen wir? Wie hat alles begonnen? Wie wird alles enden? Mythen, wie sie das ›Gilgamesch-Epos‹, die ›Edda‹ oder die ›Bibel‹ erzählen, zeugen von dem uralten Bestreben, das Universum zu begreifen. Kopernikus verbannte den Menschen aus der Mitte des Alls. Kepler und Newton packten die Bewegungen der Himmelskörper in Formeln. Galileo löste die Milchstraße in Sterne auf. Kant degradierte die Galaxis zu einer unter unzähligen anderen Welteninseln. Mit jedem Schritt wurde unsere Heimat unbedeutender. Sie ist ein kleiner, zerbrechlicher Planet, der einen Zwergstern umkreist, der zusammen mit mindestens hundert Milliarden anderen Sternen in einer mittelgroßen Spiralgalaxie eingebettet ist, die mit Milliarden anderen Galaxien durch die Tiefen des Alls treibt ... Im 20. Jahrhundert haben Astronomen die gewaltigen Dimensionen der Welt erschlossen. Das war vielleicht eine der bemerkenswertesten wissenschaftlichen Leistungen der Neuzeit. An der Schwelle zum 21. Jahrhundert beginnt sich der Nebel, der die Entwicklung des Universums bisher einhüllte, sogar ein wenig zu lichten. Die Kosmologie ist zwar noch weit davon entfernt, Fragen nach dem »Woher« oder dem »Wohin« eindeutig zu beantworten. Aber die Ansätze zur Lösung des Welträtsels klingen vielversprechend. Im Laufe des Jahres 1998 schienen sich die Puzzlesteinchen immer besser zusammenzufügen – jedenfalls aus Sicht derer, die den Kosmos mit einer feurigen Geburt beginnen lassen. Diese Urknall-Theorie hat die meisten Anhänger, aber auch einige erbitterte Gegner.

Für den Engländer Fred Hoyle zum Beispiel ist das Universum nicht mit einem einzigen *Big Bang* entstanden. Vielmehr soll es im ewigen Fluß des Kosmos unendlich viele und bis in alle Ewigkeit periodisch wiederkehrende »Stromschnellen« geben. Hoyle nennt sie *Mini Bangs*. Unser All wäre demnach nur eine Raumblase, die einer der *Mini Bangs* vor 15 oder zwanzig Milliarden Jahren erschaffen hat. Der amerikanische Kosmologe Halton Arp wiederum glaubt nicht an die Expansion des Alls und die dadurch verursachte Rotverschiebung; so sieht er die Quasare als relativ nahe Objekte an. Für ihn sind alle Galaxien, die wir beobachten, Teil eines rund hundert Millionen Lichtjahre großen »Lokalen Superhaufens«. Dieser soll nur einer von unzähligen anderen Haufen mit Milliarden Galaxien sein, die in der unermeßlichen Weite des Weltalls ruhen.

Hoyle und Arp finden in Fachkreisen wenig Anerkennung. Das mag damit zusammenhängen, daß Wissenschaftler grundsätzlich auf Theorien abseits des *Mainstream* nicht oder nur sehr träge reagieren. Aber auch damit, daß das Szenario vom *Big Bang* viele Entdeckungen hervorragend beschreibt. Die erste und erstaunlichste gelang dem amerikanischen Himmelsforscher Vesto Slipher (1875 – 1969) um 1917. Er hatte das Licht der Galaxien in Spektren zerlegt und bei den meisten eine Verschiebung der Linien zum Roten hin gefunden. Damals war der nach dem österreichischen Physiker Christian Doppler benannte Effekt längst bekannt. Die rotverschobenen Lichtwellen konnten daher nur bedeuten, daß sich die Quellen von der Erde wegbewegten. Die Astronomen drücken diese kosmische Rotverschiebung durch den Buchstaben z aus. ($z = 0$ bedeutet keine Rotverschiebung, $z = 0{,}1$ eine um zehn, $z = 1$ eine um hundert Prozent der Wellenlänge.) Die zugehörigen Fluchtgeschwindigkeiten der Galaxien sind hoch. Slipher selbst fand Spiralnebel, die sich pro Stunde um sechseinhalb Millionen Kilometer von der Erde entfernen. Im Jahr 1929 vermeldete Edwin P. Hubble nach Beobachtungen mit dem 2,5-Meter-Teleskop auf dem Mount Wilson nördlich von Los Angeles, daß die Galaxien mit zunehmender Distanz immer schneller davonrasen. Für die Flucht gilt: doppelter Abstand, doppeltes Tempo, dreifacher Abstand, dreifaches Tempo. Die Geschwindigkeit der Galaxien wächst also proportional zu ihrer Entfernung. Hubble hatte ein starkes Indiz für den Anfang der Welt aufgespürt. Lassen wir in Gedanken die Galaxien rückwärts laufen, rücken sie immer mehr zusammen – bis sie irgendwann in einem Punkt verschwinden. Man könnte nun meinen, dieser Punkt läge in der Milchstraße, da doch alle weit entfernten Sternsysteme vor ihr davoneilen. Diese Annahme ist jedoch falsch.

Jahre vor Hubbles Entdeckung hatten Kosmologen unabhängig voneinander an Modellen des Universums gebastelt. Ihre Arbeiten beruhten auf den Gleichungen der Allgemeinen Relativitätstheorie von 1915. Albert Einstein selbst hatte damit einen Kosmos konstruiert, der partout nicht statisch bleiben, sondern sich bewegen wollte. Ebenso erging es seinen Kollegen Willem de Sitter (1872 – 1935), Alexander Friedmann (1888 – 1925) und Georges Lemaître (1894 – 1966). Um dem offensichtlichen Dilemma zu entgehen und das dynamische in ein statisches All zu verwandeln, brachte Einstein zunächst die Kosmologische Konstante Lambda ins Spiel. Dann sah Hubble den Weltraum in ähnlicher Weise expandieren, wie es die Theoretiker vorausgesagt hatten. Einstein strich Lambda ersatzlos. Später bezeichnete er die Einführung der Kosmologischen Konstanten als »die größte Eselei meines Lebens«. Wir werden noch sehen, daß die Geschichte um Lambda damit noch nicht endet.

Für die relativistischen Weltmodelle ist die Galaxienflucht ein direktes Anzeichen für die Ausdehnung des gesamten Raums. Stellen wir uns vor, die Milchstraßen befänden sich auf der Oberfläche eines gigantischen Luftballons. Wird der Ballon aufgeblasen, treibt die expandierende Hülle alle Stern-

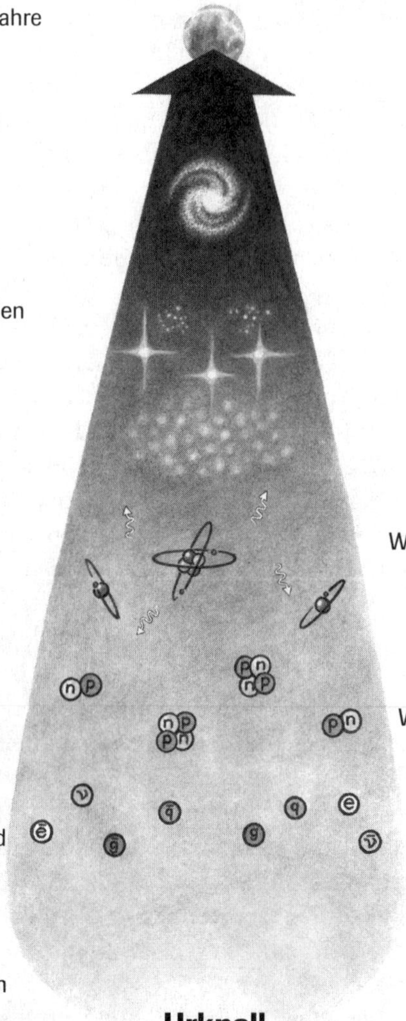

Die Urknall-Theorie (Big Bang) hat unter den Kosmologen viele Anhänger. Ob die Welt wirklich so entstanden ist, wie es dieser physikalische Schöpfungsmythos beschreibt?

systeme voneinander fort. Nehmen wir weiter an, in jedem dieser Systeme gäbe es belebte Planeten. Die winzigen Wesen darauf wären aber nur in der Lage, in zwei Dimensionen zu denken. Alle »Flachländler« würden glauben, ihre Galaxie sei der Mittelpunkt des Universums. Uns amüsiert diese Erkenntnis. Wir können dreidimensional denken und wissen, daß die Ballonoberfläche keinen Mittelpunkt hat. Versuchen Sie einmal, einem »Flachmann« das Wesen eines Ballons zu erklären. Vielleicht sagen Sie: »Er ist eine Kugel. Und die ist wie ein Kreis, nur eine Dimension mehr.« Das Wesen wird ziemlich verständnislos gucken – so wie Sie, wenn Ihnen jemand sagt: »Der Kosmos ist wie eine Kugel, nur eine Dimension mehr.« Diese vierte Dimension ist die Zeit.

Analog zu unserem Gedankenexperiment gibt es im Universum keinen Mittelpunkt. Der Punkt, von dem aus die Galaxien auseinanderliefen, war nicht von einem Raum umgeben wie ein Sandkörnchen auf der Erde. Der Punkt war der Raum. Und außerhalb von ihm existierte auch keine Zeit. Der Kosmos ist ein vierdimensionales Gebilde, drei Dimensionen stecken im Raum, eine in der Zeit. Hier versagt die menschliche Vorstellungskraft. Immerhin können wir die Geometrie des Alls berechnen und durch mancherlei Beobachtung die Voraussagen der kosmologischen Modelle überprüfen.

Wenn das All tatsächlich expandiert, könnte es einen Anfang gehabt haben. Der belgische Priester und Mathematiker Georges Lemaître veröffentlichte 1931 in dem Wissenschaftsmagazin ›Nature‹ seine Idee vom »Uratom«. In ihm soll die gesamte Masse des Universums konzentriert gewesen und mit einer Explosion freigesetzt worden sein. (Den etwas saloppen Namen *Big Bang* hat Fred Hoyle erfunden, bekanntermaßen ein Gegner der Theorie.) Einige Jahre später beschäftigte die feurige Schöpfung auch den sowjetisch-amerikanischen Physiker George Gamow (1904 – 1968). »Ylem« nannte Gamow seinen unvorstellbar dichten, unvorstellbar heißen Neutronenklumpen. Raum und Zeit waren in ihm gleichsam eingebacken. Heute betrachten die Forscher diese Keimzelle des Kosmos als »Singularität« – als unendlich kleinen Raum, in dem die Materie mit unendlich hoher Dichte konzentriert ist.

Einstein haßte Singularitäten, die auch in Schwarzen Löchern auftreten. Die Allgemeine Relativitätstheorie sagt sie zwar voraus, funktioniert bei ihnen jedoch nicht. Viel eher greift dort die Quantenmechanik. Sie beschreibt die Welt im sehr Kleinen, die Relativitätstheorie dagegen im sehr Großen. Um die Entwicklung des Universums mit dem Urknall-Modell vollständig zu erklären, bemühen sich Physiker wie Stephen Hawking darum, beide Theorien zu einer einzigen zu vereinen – bisher vergeblich.

Wie kam das All auf die Welt? Wie sieht das Drehbuch der heutigen Kosmologie aus? Seine Geburt selbst wird ewig ein Mysterium bleiben. Erst nach Ablauf der Planck-Zeit macht es Sinn, über den Anfang nachzudenken. Die Planck-Zeit dauerte 10^{-43} Sekunden (ausgeschrieben kommt nach 42 Nullen nach dem Komma eine Eins). Das Universum ist also noch nicht besonders alt und viel kleiner als ein Atomkern. Bei einer Temperatur von ungefähr 10^{41} Grad schwappt die Energie umher. In dieser Ursuppe bilden sich Elementarteilchen. Nach 10^{-35} Sekunden geschieht Ungeheures: Das Universum bläht sich quasi »in Null Komma nichts« auf. Der Raum wächst um das 10^{50}fache auf die Größe einer Orange. Inflation (»Sichaufblasen«) nennen die Forscher dieses Anfang der achtziger Jahre von dem Russen Andrej Linde und dem Amerikaner Alan Guth erdachte Szenario.

Aus der Urenergie entstehen unterdessen Teilchen und ihre Antiteilchen. Zwischen ihnen funkt es, sie vernichten sich augenblicklich. Doch jedes milliardste Teilchen findet keinen Antimaterie-Partner. Das führt zu einem winzigen Überschuß von Materie. Weshalb die Schöpfung asymmetrisch verlief, wissen wir nicht, nur soviel steht fest: Wäre es anders gewesen, gäbe es uns nicht. Das All hätte sich gleich nach seiner Geburt in eine Photonensuppe verwandelt. So jedoch formen sich eine hunderttausendstel Sekunde nach dem Urknall Protonen und Neutronen. Etwa eine Sekunde später vereinigen sich diese Materiebausteine bei einer Temperatur von einer Billion Grad zu Wasserstoffkernen, die schließlich Heliumkerne bilden. Die kosmische Expansion läßt die Temperatur um einige hundert Millionen Grad sinken. Daher kommt die Kernsynthese nach wenigen Minuten zum Stillstand. Das Universum besteht schließlich im wesentlichen aus 75 Prozent Wasserstoff, 24 Prozent Helium-4 sowie einem verschwindend geringen Anteil von Deuterium, Helium-3 und Lithium-7.

Nach 300 000 Jahren kühlt sich das All auf 3000 Grad ab. Jetzt erst gelingt es den Atomkernen, die umherschwirrenden Elektronen einzufangen und richtige Atome zu formen. Damit lichtet sich allmählich der zuvor undurchdringliche Elektronennebel. Der Kosmos wird für Licht durchsichtig, die Photonen tragen die Botschaft vom Urknall in die Welt hinaus.

Ob der Urknall der Realität entspricht, vermag niemand zu sagen. Aber dieses Gedankengebäude ruht auf mehreren, durch Beobachtungen wohlfundierten Säulen. Das sind: erstens die galaktische Rotverschiebung als Zeichen für die Expansion des Universums; zweitens die Evolution der Galaxien, deren Raumdichte in der Vergangenheit höher war als heute; drittens das Verhältnis der Elemente (insbesondere der hohe Anteil des Heliums im Vergleich zu den schwereren Elementen); und viertens die kosmische Hintergrundstrahlung. Letztere gilt als stärkstes Indiz für den *Big Bang*. Bereits 1948 haben George Gamow und drei seiner Kollegen das Echo des Urknalls vorausgesagt. Es stammt aus der Zeit, als das All durchsichtig wurde und die Photonen auf die Reise gingen. Seither sind Milliarden Jahre verstrichen, der Raum hat sich um das Tausendfache vergrößert. Gemäß der Relativitätstheorie verursacht die Expansion eine Dehnung der Wellenlänge. Der gleißende Lichtblitz zeigt sich im Radioteleskop bei einer Wellenlänge von 0,8 Millimetern. Im Sommer 1964 entdeckten die Amerikaner Robert Wilson und Arno Penzias zufällig diese fossile Strahlung. Ihre Temperatur von –270,42 Grad Celsius (knapp 3 Kelvin) entspricht ziemlich genau dem von Gamow prophezeiten Wert.

Der US-Satellit ›Cobe‹ nahm 1992 die 3-K-Hintergrundstrahlung unter die Lupe. Sie kommt nahezu gleichmäßig aus allen Richtungen. Das Universum muß außergewöhnlich isotrop sein. Das beweist auch das Muster der galaktischen Superhaufen. In den achtziger Jahren haben die Astronomen herausgefunden, daß sie sich entlang der Oberflächen von »Blasen« anordnen, die das All wie ein Schaumbad durchziehen. Dazwischen gibt es Milliarden Lichtjahre messende Leerräume. Der inflationäre Urknall erklärt, weshalb sich der Weltraum als Ganzes sehr gleichmäßig entwickelt hat, obwohl seine Teile Milliarden Lichtjahre voneinander getrennt sind. Bevor die Inflation einsetzte, muß es im Urbrei schon kleine Fluktuationen gegeben haben, die alle »im selben Takt« schwangen und dies nach dem spontanen Aufblähen weiterhin taten – aber jede an einer anderen Stelle des Universums.

In der kosmischen Hintergrundstrahlung entdeckte ›Cobe‹ tatsächlich Intensitätsschwankungen von einem tausendstel Prozent. Doch diese Fluktuationen sind am Firmament größer als sieben Grad. Das entspricht im All einer Strecke von einer Milliarde Lichtjahren. Damit sind diese Kräuselungen viel zu groß, als daß sich aus ihnen einzelne Galaxien hätten formen können. Irgendetwas muß die anfänglichen Saatkörnchen um das Tausendfache verstärkt haben. Hier kommt erneut die Dunkle Materie ins Spiel, deren Schwerkraftfallen die Atome förmlich hätten anziehen können. Mindestens neunzig Prozent des Weltalls sollen aus dem unsichtbaren Stoff bestehen – genug für einen kräftigen »Geburtshelfer«.

Die Dunkle Materie ist auch entscheidend für die künftige Entwicklung des Kosmos. Stoppt die Expansion eines fernen Tages und kehrt sich in eine Kontraktion um, oder dehnt sich der Raum in alle Ewigkeit aus? Und wie alt ist das All überhaupt? Die Antworten auf diese Fragen hängen insbesondere von dem Dichteparameter Omega, der Kosmologischen Konstanten Lambda und dem Hubble-Parameter ab. Die präzise Bestimmung der drei Werte gehört heute zu den größten Herausforderungen der beobachtenden Astronomie.

Die wichtigste Aufgabe des Weltraumteleskops sollte es ursprünglich sein, den Hubble-Parameter zu bestimmen. Kennen die Forscher den Abstand einer fernen Galaxie, können sie ihn aus der zugehörigen Rotverschiebung (der Expansionsrate des Universums) ableiten. Der Hubble-Parameter ergibt letztlich das Weltalter. Mitte der neunziger Jahre fand ›Hubble‹ in einem Sternsystem zwanzig Cepheiden. Diese Sterne verändern ihre Helligkeit auf charakteristische Weise, wobei die Periode eng mit ihrer Leuchtkraft zusammenhängt. Aus den Lichtkurven lesen die Experten die absolute Helligkeit ab. Ein Vergleich mit der scheinbaren Helligkeit am Himmel lieferte die Entfernung der Cepheiden. Mit dieser Methode bestimmten die Astronomen die Distanz der Welteninsel im Virgo-Haufen zu 56 Millionen Lichtjahren und den Hubble-Parameter zu achtzig Kilometer pro Sekunde pro Megaparsec (3,26 Millionen Lichtjahre). Das entsprach einem Weltalter von acht bis zwölf Milliarden Jahren. Die Kosmologen saßen in der Klemme: Das Universum war zu jung. Denn die Astrophysiker beharrten darauf, daß die ältesten Sterne in Kugelhaufen seit mindestens 14 Milliarden Jahren leben. Wie aber konnte der Körper jünger sein als seine Glieder!

Statt den jahrzehntelang schwelenden Streit um den Hubble-Parameter zu entscheiden – in der Diskussion waren Werte zwischen 50 und 100 –, entfachte ihn ›Hubble‹ neu. Auf das Weltalter beziehen sich aber auch sämtliche kosmologischen

Distanzen: Beträgt das Alter beispielsweise acht Milliarden Jahre, können die fernsten sichtbaren Galaxien nicht neun oder zehn Milliarden Lichtjahre entfernt sein. Daher vermeiden die Wissenschaftler absolute Alters- und Entfernungsangaben und nennen lediglich die Rotverschiebung z. Eine Galaxie bei $z = 1$ bedeutet eine »Rückblickzeit« von vierzig Prozent des Weltalters. Wir beobachten das Sternsystem in jenem Zustand, den es hatte, als das All vierzig Prozent seines heutigen Alters aufwies. Wieviel Jahre das sind, spielt keine Rolle.

In diesem Buch haben wir dennoch absolute Zahlen genannt. Das hat seinen guten Grund: In jüngster Zeit wurde ein Weltalter von 15 Milliarden Jahren immer wahrscheinlicher, und mit diesem Wert haben wir die Rotverschiebung geeicht. Anfang 1998 fanden Astronomen mit dem Zehn-Meter-Keck-Teleskop auf Hawaii die Galaxie RD 1 und ermittelten für sie $z = 5{,}34$. Wir blicken damit neunzig Prozent in die Vergangenheit zurück; das sind neunzig Prozent von den oben genannten 15 Milliarden Jahren, also 13,5 Milliarden Jahre. Dieses System ist demnach 13,5 Milliarden Lichtjahre von der Erde entfernt.

Im Jahr 1998 veröffentlichten Astronomen ihre Beobachtungen von Typ-I-Supernovae in weit entfernten Galaxien. Bei der Explosion bringen es diese Sterne auf maximale Leuchtkräfte, die in klarem Zusammenhang mit dem Verlauf ihrer Lichtkurven stehen. Wie bei den Cepheiden schließen die Experten bei einer Typ-I-Supernova aus der angenommenen absoluten und der beobachteten scheinbaren Helligkeit auf die Distanz. Die Forscher verglichen die Helligkeiten der fernen Supernovae mit denen ihrer näher gelegenen Geschwister. Erstere müssen aufgrund ihres größeren Abstandes schwächer strahlen. Dieser Effekt reichte aber nicht aus, um die Unterschiede in der Helligkeit zu erklären. Offenbar sind die Supernovae (und damit die Galaxien) weiter entfernt, als sie bei konstanter Expansionsgeschwindigkeit sein müßten. Der Kosmos dehnt sich also heute schneller aus als in der Vergangenheit. Eine Art »dunkle Energie« scheint ihn zu beschleunigen und auseinanderzutreiben. Das kann nur die Kosmologische Konstante Lambda sein – Einsteins »größte Eselei« entpuppt sich anscheinend als Geniestreich.

Ist das All früher langsamer auseinandergeflogen, so muß zwischen dem Beginn der Expansion mit dem Urknall und der heute beobachteten Größe mehr Zeit verstrichen sein als bisher angenommen. Am besten paßt zu den Beobachtungen ein Weltalter von 15 Milliarden Jahren. Selbst ein relativ hoher Hubble-Parameter von achtzig läßt sich damit in Einklang bringen. Ebenfalls 1998 haben Astrophysiker ihre Modelle überarbeitet und das Alter der Kugelhaufen auf Werte zwischen neun und elf Milliarden Jahre nach unten korrigiert. Das wiederum schmeckt den Kosmologen, weil nun die Sterne und Galaxien genügend Zeit hatten, sich zu entwickeln.

Wie sieht die Zukunft aus? Die Astronomen sind überzeugt, daß es im Weltraum bei weitem nicht genügend Masse gibt, um die Expansion jemals anzuhalten oder gar umzukehren. Der Dichteparameter Omega liegt neuesten Messungen zufolge bei 0,3 – zu wenig, um die Expansion jemals aufzuhalten. Dafür spricht auch der Lambda-Wert von 0,7. Die Summe aus Omega und Lambda ergibt 1. Genau diesen Wert fordert der inflationäre Urknall. Diese Hypothese scheint sich also zu bestätigen, ebenso wie die Tatsache, daß wir in einem Universum ohne Wiederkehr leben.

Zu Beginn des 21. Jahrhunderts ergibt das Mosaik des Kosmos ein recht gutes Bild. Zumindest so lange, bis die Forscher mit weiterentwickelten Teleskopen, Satelliten und theoretischen Weltgebäuden zu neuen Horizonten vorstoßen und die Schöpfungstheorie wieder umschreiben müssen.

Glossar

Astrologie
Lehre, wonach die Positionen von Sonne, Mond und Planeten in den Sternzeichen das menschliche Schicksal beeinflussen.

Astronomie
Exakte Naturwissenschaft, die mittels mathematischer und physikalischer Gesetze das Universum erforscht.

Brauner Zwerg
Himmelskörper, dessen Masse nicht ausgereicht hat, im Zentrum die Kernfusion in Gang zu setzen. Die Oberflächentemperaturen reichen von einigen hundert bis etwa 2500 Grad.

Cepheiden
Sterne, deren Größe und Leuchtkraft rhythmisch zu- und wieder abnehmen. Die Periode dauert von einem Tag bis zu einigen Wochen. Cepheiden gehören zu den »Pulsationsveränderlichen«.

Doppelstern
Paar aus zwei Sternen, die durch die Gravitation aneinandergekettet sind und um einen gemeinsamen Schwerpunkt kreisen. Manche ziehen, von der Erde aus gesehen, voreinander vorüber und ändern dadurch periodisch ihre Gesamthelligkeit; aus diesem Grund heißen sie »Bedeckungsveränderliche«.

Doppler-Effekt
Veränderung der Wellenlänge, wenn sich eine Schall- beziehungsweise Lichtquelle dem Beobachter nähert oder sich von ihm entfernt.

Dunkle Materie
Unsichtbare Materie, die schätzungsweise neunzig Prozent der Masse im All ausmacht und sich nur durch ihre Gravitationswirkung nachweisen läßt.

Ekliptik
Die Umlaufbahn der Erde um die Sonne und – als Spiegelbild – der jährliche Weg der Sonne über den irdischen Himmel.

Galaxie
Große Ansammlung von Sternen und interstellarer Materie, die durch die Gravitation zusammengehalten wird. Unsere Galaxie – die Milchstraße –, der Sonne und Erde angehören, wird als Galaxis bezeichnet.

Galaxienhaufen
Gruppe von Galaxien, die durch die gegenseitige Anziehungskraft miteinander verbunden sind.

Helligkeit
Maß für die Strahlung eines Himmelskörpers. Astronomen unterscheiden zwischen der »scheinbaren« und der »absoluten« Helligkeit. Erstere gibt lediglich die Helligkeit eines Objekts am irdischen Firmament an, letztere dessen tatsächliche Leuchtkraft.

Hertzsprung-Russell-Diagramm (HRD)
Diagramm, das Anfang des Jahrhunderts von Ejnar Hertzsprung und Henry Norris Russell entwickelt wurde. Es ordnet die Sterne nach Spektraltyp (entsprechend ihrer Temperatur oder Farbe) sowie absoluter Helligkeit (Leuchtkraft) an.

Hubble-Parameter
Größe, welche die Fluchtgeschwindigkeit der Galaxien, damit die Ausdehnungsrate und indirekt das Alter des Universums angibt. Der Wert des Hubble-Parameters ist noch nicht bekannt.

Interstellare Materie
Extrem dünn verteilte Materie aus Gas und Staub zwischen den Sternen. Analog erfüllt die »intergalaktische Materie« den Raum zwischen den Galaxien.

Keplersche Gesetze
Drei von Johannes Kepler aufgestellte Gesetze, welche die Bewegung der Planeten auf ihren elliptischen Umlaufbahnen um die Sonne beschreiben.

Komet
Ein aus Eis, Gas und Staub bestehender, meist nur wenige Kilometer großer Himmelskörper, der sich auf einer Bahn um die Sonne bewegt. Bei Annäherung an das Zentralgestirn entwickeln die meisten Kometen einen Gas- und einen Staubschweif.

Kopernikanisches Weltbild
Das von Nikolaus Kopernikus im Jahr 1543 veröffentlichte Modell, wonach die Sonne im Mittelpunkt des Planetensystems steht. Es löste die aristotelische oder ptolemäische Vorstellung einer unbeweglichen zentralen Erde ab.

Korona
Äußere, etwa zwei Millionen Grad heiße Sonnenatmosphäre, die bei einer totalen Sonnenfinsternis sichtbar wird.

Kosmische Hintergrundstrahlung
Strahlung, die nahezu gleichmäßig aus allen Richtungen des Himmels kommt und einer Temperatur von etwa –270 Grad (3 Kelvin) entspricht. Gilt als Echo des »Big Bang« und damit als stärkstes Indiz für die Urknalltheorie.

Kosmologie
Wissenschaft von Geburt, Entwicklung und Zukunft des gesamten Universums.

Kuiper-Gürtel
Ein Bereich voller Kometenkerne und kleinerer Eisplaneten im äußeren Sonnensystem jenseits der Neptunbahn.

Lichtjahr
Die Strecke, die das Licht im leeren Raum in einem Jahr zurücklegt. Ein Lichtjahr entspricht rund 9,46 Billionen Kilometern.

Lokale Gruppe
Kleiner Galaxienhaufen mit etwa dreißig Mitgliedern, zu dem unter anderem unsere Galaxis, die beiden Magellanschen Wolken und die Andromedagalaxie gehören.

Meteor
Die Leuchtspur, die ein winziger Gesteins- oder Metallbrocken (»Meteoroid«) beim Durcheilen der Erdatmosphäre verursacht. Manche dieser kosmischen Geschosse erreichen als »Meteoriten« die Erdoberfläche.

Nebel
Interstellare Gas- und Staubwolken, die im wesentlichen in drei Arten auftreten: als selbstleuchtende Emissionsnebel, das Licht von Sternen zurückwerfende Reflexionsnebel und das Licht dahinter liegender Objekte verschluckende Dunkelwolken.

Nova
Alternder Stern, der seine Helligkeit innerhalb kürzester Zeit um das Zehn- bis Hunderttausendfache steigert, während er seine äußeren Atmosphärenschichten ins All bläst.

Photon
Ein Teilchen, das die kleinste Energiemenge der elektromagnetischen Strahlung darstellt (Lichtquant).

Photosphäre
Die optisch sichtbare Gasoberfläche der Sonne oder jedes anderen Sterns.

Planet
Nicht selbstleuchtender, nahezu kugelförmiger Himmelskörper, der um einen Stern kreist.

Planetarischer Nebel
Die Gasschalen, die ein alternder Stern von der Masse unserer Sonne in das Weltall geblasen hat. Im Zentrum sitzt in der Regel ein »Weißer Zwerg«.

Planetoid
Ein Gesteins- oder Eisbrocken meist unregelmäßiger Gestalt, der die Sonne umkreist. Auch »Asteroid« oder »Kleinplanet« genannt.

Pulsar
Stark verdichteter, schnell rotierender Neutronenstern mit nur zehn bis zwanzig Kilometer Durchmesser. Treffen die an den magnetischen Polen gebündelten Strahlungskegel zufällig die Erde, blinkt das Objekt am Himmel periodisch auf.

Quasar
Extrem leuchtkräftiges Zentrum einer Galaxie, das wegen der großen Entfernung sternförmig aussieht. Energielieferanten für Quasare sind vermutlich supermassive Schwarze Löcher.

Schwarzes Loch
Ein Gebiet im Universum, in dem soviel Masse konzentriert ist, daß deren Schwerkraft nicht einmal Licht entkommen läßt. Das Objekt bleibt dadurch unsichtbar (schwarz).

Stern
Großer Gasball, in dessen Zentrum Fusionsprozesse Energie erzeugen und der daher selbst leuchtet. Der uns nächste Stern ist die Sonne.

Sternhaufen
Ansammlung von Sternen. »Offene Sternhaufen« bestehen aus einigen hundert jungen, in einer gemeinsamen Gas- und Staubwolke geborenen Sonnen. »Kugelsternhaufen« enthalten Zehntausende, auf engem Raum konzentrierte sehr alte Sonnen.

Supernova
Die Explosion eines massereichen Sterns am Ende seines Lebens. Innerhalb von einigen Wochen gibt die Supernova soviel Strahlung ab wie eine ganze Galaxie. Übrig bleibt die zerfetzte Gashülle (Supernova-Überrest), in deren Zentrum ein Neutronenstern oder ein Schwarzes Loch sitzt.

Urknall (Big Bang)
Gängigste Theorie der modernen Kosmologie, wonach das Weltall vor etwa 15 Milliarden Jahren aus einer unendlich dichten, unendlich heißen und unendlich kleinen »Singularität« entstanden ist.

Weitere Literatur

Einen hervorragenden Überblick über die wichtigsten Forschungsgebiete der modernen Himmelskunde bieten die Bücher des Astrophysikers Rudolf Kippenhahn.
Allen voran der Klassiker der astronomischen Sachliteratur ›100 Milliarden Sonnen‹ (Piper, München 1980). Spannend und mit Anekdoten gewürzt, informiert der Autor in seinem Band ›Licht vom Rande der Welt‹ (Deutsche Verlags-Anstalt, Stuttgart 1984) über Geschichte und Erkenntnisse der Kosmologie bis zur Mitte der achtziger Jahre. Mit den Planeten beschäftigt sich das Buch ›Unheimliche Welten‹ (Deutscher Taschenbuch Verlag, München 1990), und unter dem Titel ›Der Stern, von dem wir leben‹ (Deutsche Verlags-Anstalt, Stuttgart 1990) nimmt Kippenhahn unsere Sonne unter die Lupe. Leider sind nicht mehr alle genannten Bücher lieferbar.

Wer vor oder nach dem 11. August 1999 wissen will, was es damit auf sich hat, wenn mitten am Tage »das Licht ausgeht«, der sollte zu dem Buch ›Schwarze Sonne, roter Mond‹ (Deutsche Verlags-Anstalt, Stuttgart 1999) greifen. Das Autorengespann Rudolf Kippenhahn und Wolfram Knapp erzählen darin allerlei Wissenswertes nicht nur über Sonnen-, sondern auch über Mondfinsternisse.

Im Sommer 1997 blickte die ganze Welt auf zum Roten Planeten, als ›Pathfinder‹ und das kleine Fahrzeug ›Sojourner‹ seine Oberfläche erkundeten. Der Journalist Holger Heuseler und die beiden Wissenschaftler Ralf Jaumann und Gerhard Neukum schildern ›Die Mars Mission› (BLV Verlagsgesellschaft, München 1998) anschaulich und aus erster Hand.

Die Meldung von der Entdeckung des ersten extrasolaren Planeten ging im Herbst 1995 um die Welt. Wie kam es dazu? Reto U. Schneider blickt hinter die Kulissen dieses revolutionären Fundes. Sein Buch ›Planetenjäger‹ (Birkhäuser Verlag, Basel 1997) liest sich wie eine spannende Reportage.

Welche Souvenirs soll man am Mond kaufen? Welche Sehenswürdigkeiten gehören zum Pflichtprogramm? Wer bei einem Trip zum Erdnachbarn das Büchlein ›Reisen zum Mond‹ (Koval Verlag, Unterfischach 1998) von Werner »Tiki« Küstenmacher im Gepäck hat, dem muß nicht bange sein. Ein humorvoller Reiseführer für das nächste Jahrtausend.

In ›Hubble. Ein neues Fenster zum All‹ und ›Das Hubble-Universum‹ (beide Birkhäuser Verlag, Basel 1995 und 1998) beleuchten Daniel Fischer und Hilmar Duerbeck die Ergebnisse des Weltraumteleskops anhand ausgewählter Fotos. Darüber hinaus zeichnen sie die wechselvolle Geschichte dieser Sternwarte im All nach, von der ersten »Augenoperation« bis zu den erfolgreichen Wartungsarbeiten durch Astronauten.

Der Kosmos ist ebenso geheimnisvoll wie ästhetisch. Serge Brunier zeigt in ›Das Universum‹ (Kosmos Verlag, Stuttgart 1998) phantastische Ansichten ferner Welten. Der bisweilen geradezu poetische Text bringt die Sterne näher.

Eine Fundgrube für alle, die tiefer in die Wissenschaft vom Weltall einsteigen wollen und dabei vor Formeln nicht zurückschrecken, ist ›Das erklärte Universum‹ (Springer Verlag, Berlin 1998) von Malcolm S. Longair. Fundiert geschrieben und auf dem neuesten Stand der Forschung.

Seit nahezu zwei Jahrzehnten der Renner unter den astronomischen Sachbüchern ist ›Galaxien‹ (Birkhäuser Verlag, Basel 1981) von Timothy Ferris. Der prächtige Bildband lädt zu Exkursionen durch Raum und Zeit ein und lehrt das Staunen.

Noch nie haben sich in der Kosmologie die Ereignisse so schnell überschlagen wie heute. Martin Rees beschreibt in seinem Werk ›Vor dem Anfang‹ (S. Fischer Verlag, Frankfurt am Main, 1998) die unterschiedlichen Theorien und das Ringen um das »wahre« Weltmodell. Profundes Insiderwissen garantiert.

Wer die Wunder des Alls mit eigenen Augen sehen will, braucht klaren Himmel und eine verläßliche Orientierungshilfe, wie sie ›Der neue Kosmos Himmelsführer‹ (Kosmos Verlag, Stuttgart 1998) von Hermann-Michael Hahn und Gerhard Weiland bietet. Nach einer knappen theoretischen Einführung beschreiben die Autoren alle 88 Sternbilder des Nord- und Südhimmels samt den darin sichtbaren lohnenswerten Beobachtungsobjekten.

Das Firmament ist nicht unveränderlich: Sonne, Mond und Planeten ziehen ihre Bahnen, Finsternisse ereignen sich, Kometen tauchen periodisch auf. Deshalb gibt es astronomische Fahrpläne, die jährlich neu erscheinen. Für Anfänger besonders gut geeignet ist das ›Kosmos Himmelsjahr‹ von Hans-Ulrich Keller (Kosmos Verlag, Stuttgart). Der fortgeschrittene Amateur greift wohl eher zu dem Büchlein ›Der Sternenhimmel‹ von Hans Roth (Birkhäuser Verlag, Basel) oder zu dem schon legendären ›Ahnerts Kalender für Sternfreunde‹ (Barth Verlag, Heidelberg), den Gernot Burkhardt, Lutz D. Schmadel und Thorsten Neckel herausgeben.

Wie jede Naturwissenschaft lebt die Astronomie von Entdeckungen. Wer auf dem laufenden bleiben möchte, kann sich aus zwei empfehlenswerten Zeitschriften informieren: dem ›Star Observer‹, der zehnmal jährlich im Space Science Zeitschriftenverlag (Wien) erscheint, und ›Sterne und Weltraum‹, das elfmal im Jahr vom Verlag Sterne und Weltraum, Hüthig (Heidelberg) herausgegeben wird.

Danksagung

Mein Dank gilt allen Forschern, die täglich darum ringen, die Geheimnisse des Universums zu entschlüsseln. Zum Gelingen dieses Buches haben insbesondere folgende Wissenschaftler beigetragen: Matthias Bartelmann, Max-Planck-Institut für Astrophysik, Garching; Ralf Bender und Thomas Gehren, Universitäts-Sternwarte München; Ralf Jaumann, DLR-Institut für Planetenerkundung, Berlin; Gero Rupprecht und Richard M. West, Europäische Südsternwarte, Garching; Lutz D. Schmadel, Astronomisches Rechen-Institut, Heidelberg.

Register